フクシマとチェルノブイリにおける国家責任

― 原発事故の国際法的分析 ―

繁田 泰宏

東信堂

はしがき

　筆者が生まれ育った場所は、原発銀座と言われる若狭湾の福井県敦賀市という所である。ここは、老朽化原発の代名詞ともなっている敦賀原発や、建設以来未だに実用運転されたことのない高速増殖炉もんじゅを抱えている。福島原発事故が発生した今でこそ、原発の危険性を肌で感じることとなったが、幼少の頃は、小学校で敦賀原発への見学会が催され、「原発安全神話」を叩き込まれたせいもあり、原発の危険性を毛ほども意識することなく育ってきた。

　その後、京大の大学院で国際法の研究を始めたのが 1989 年 4 月。当初より国際環境法の研究を志していたが、修士論文（後に最初の公表論文となる）のテーマに取り上げたのが、1986 年 4 月に起こったチェルノブイリ原発事故であった。当時、欧州全体に放射能汚染が広がり、国際的な被害という点では福島原発事故とは比較にならないほど大規模なものであったにもかかわらず、ソ連は自らの国家責任を否定し、どの国もソ連の国家責任を追及しなかった。原発事故に関する国際法の未成熟さを示す格好の事例であったと言えよう。

　これに対して、今回の福島原発事故では、高濃度の放射能汚染水の海洋への流出があったと共に、低濃度の放射能汚染水の海洋への意図的放出がなされた。また、汚染水の放出の際に各国への通報が遅れた点などが、国際社会、特に近隣の韓国、中国、ロシアから非難された。したがって、具体的な放射能被害が他国に生じていない現時点でも、

我が国の国家としての責任が問題となっている。さらに、米国西海岸では、放射能に汚染された可能性のある瓦礫が漂着しており、その処理が問題となっている。また今後、海洋生物が生物濃縮を通じて高度の放射能汚染を受けることにより、近隣国が被害を蒙るおそれがないとも言えない。このようにして、各国に具体的な放射能被害が生じる段階に至れば、当然、それらの国によって我が国の国家責任が追及されることにもなり得よう。この点、2012年7月5日に公表された福島原発事故に関する我が国の国会事故調査委員会報告書（以下、国会事故調報告書）は、「福島原発事故は自然災害ではなく人災である」と明記した。そして、同報告書は、東電と共に日本政府自身の落ち度を指弾している。このような評価に鑑みれば、我が国の「相当の注意」の欠如が認定され、その国家責任が成立すると判断される余地も多分にあり得るように思われる。

　上記の問題意識の下、本書では、特に、自国領域内で原発事故が発生した国の国際法上の国家責任という観点から、チェルノブイリ原発事故と福島原発事故とを検討する。それと共に、そのような国家責任に関連する国際法規則が、両事故後にどのように発展したのか、その発展過程を見て行くこととしたい。なお、福島原発事故に関して公刊された種々の報告書のうち、本書では、最新の知見を基に書かれた上述の国会事故調報告書と政府事故調査委員会最終報告書（2012年7月23日公表、以下、政府事故調最終報告書）に基本的には依拠することとする。但し、福島原発事故の原因・経過・影響については、ウィキペディア（2012年8月6日閲覧）、政府事故調中間報告書（2011年12月26日公表）及び福島原発事故独立検証委員会調査・検証報告書（2012年2月28日公表、以下、民間事故調報告書）にも依拠することを予めお断りしておく。

目次／フクシマとチェルノブイリにおける国家責任

　はしがき　　　　　　　　　　　　　　　　　　　　　　　　　　i
　はじめに——原発との「共存の国際法」の必要性　　　　　　　　3

第一章　自国領域内で原発事故が発生した国の
　　　　　国家責任に関する規則 …………………… 7

　1　第一次規則　　　　　　　　　　　　　　　　　　　　　　　9
　　(1)　条　約　　　　　　　　　　　　　　　9
　　(2)　慣習国際法　　　　　　　　　　　　　11
　　(3)　法の一般原則　　　　　　　　　　　　17
　　(4)　ソフトロー　　　　　　　　　　　　　18
　2　第二次規則　　　　　　　　　　　　　　　　　　　　　　　20

第二章　チェルノブイリ原発事故の国際法的評価 ……… 25

　1　事故の経過　　　　　　　　　　　　　　　　　　　　　　25
　2　ソ連の国家責任　　　　　　　　　　　　　　　　　　　　27
　　(1)　条約違反——長距離越境大気汚染条約　　27
　　(2)　慣習国際法違反　　　　　　　　　　　　27
　　(3)　違法性阻却事由——不可抗力　　　　　　30
　3　事故後の第一次規則の発展　　　　　　　　　　　　　　　31
　　(1)　原子力事故早期通報条約　　　　　　　　31
　　(2)　原子力安全条約　　　　　　　　　　　　32
　　(3)　使用済燃料・放射性廃棄物管理安全条約　34

第三章　福島原発事故の国際法的評価 …………………… 37

　1　事故の経過　　　　　　　　　　　　　　　　　　　　　　37
　2　日本の国家責任　　　　　　　　　　　　　　　　　　　　41
　　(1)　条約違反　　　　　　　　　　　　　　　41
　　　a)　ロンドン海洋投棄条約　41
　　　b)　国連海洋法条約の海洋汚染防止規定　41
　　　c)　原子力安全条約と使用済燃料・放射性廃棄物管理安全条約　58
　　　d)　原子力事故早期通報条約と国連海洋法条約の通報規定　62

                e) 生物多様性条約　67
        (2) 慣習国際法違反　　　　　　　　　　　68
        (3) 違法性阻却事由　　　　　　　　　　　69
                a) 不可抗力　69
                b) 緊急状態　74
    3　事故後の第一次規則の発展に向けた動き　　　　　　76
        (1) IAEA原子力安全基準とその遵守管理体制の強化　76
        (2) 原子力安全条約と原子力事故早期通報条約の改正　79
        (3) 日、中、韓での原子力安全協力イニシアティブ　80
        (4) 今後の課題―原子力損害民事責任条約への加盟、陸起因海洋汚染
            防止条約の締結、厳格な予防原則（予防的アプローチ）の導入　81

おわりに――「原発安全神話」を超えて …………………… 85

あとがき………………………………………………………… 87

    【参考文献】　　　　　　　　　　　　　　　　　　89

フクシマとチェルノブイリにおける国家責任

――原発事故の国際法的分析――

はじめに——原発との「共存の国際法」の必要性

2011年3月11日の東日本大震災・大津波を機に発生した福島第一原子力発電所事故（以下、福島原発事故という）は、我が国に未曾有の大災害をもたらした。これにより、「原発安全神話」が打ち砕かれ、我が国では今後の原子力政策の在り方をめぐって激しい議論が巻き起こっている。

しかしながら、ここでまず始めに認識しておかねばならないことは、今後我が国が脱原発政策を進めて行くか否かにかかわらず、世界的には——特にロシア東欧諸国やアジア中東諸国において——現在原発建設が増大しているし、今後ますます増大し続けて行くであろうという事実である（図表1参照）。

世界の中には、東欧のアルメニアのように、一基の原発で全国の電力の約半分をまかなっている国もある。アルメニアの場合は、周りをトルコ、アゼルバイジャンといった非友好国やグルジア、イランといったロシア、米国との対立国に囲まれて、石油や天然ガスの安定供給が期待できない。それ故、チェルノブイリ原発同様、原子炉格納容器のない「世界で最も危険な原発」と言われるメツァモール原発を、地震多発地帯の活断層直近において未だに稼動させているのが実情である。1988年のアルメニア大地震の際には、メツァモール原発の作業員達が逃げ出し、一歩間違えばあわや大惨事という状況であった。福島原発事故の際、決死の覚悟で原発に留まった我が国の作業員達とは大き

As of January 1, 2012 (10MWe, Gross Output)

	国・地域	運転中 In Operation 出力 Output	基数 Units	建設中 Under Construction 出力 Output	基数 Units	計画中 Planned 出力 Output	基数 Units	合計 Total 出力 Output	基数 Units	Country Region
1	米国	10,632.3	104	120.0	1	1,066.0	9	11,818.3	114	U.S.A.
2	フランス	6,588.0	58	163.0	1			6,751.0	59	France
3	日本	4,614.8	50	442.1	4	1,240.7	9	6,297.6	63	Japan
4	ロシア	2,419.4	28	1,106.6	12	1,396.4	13	4,922.4	53	Russia
5	韓国	1,871.6	21	580.0	5	280.0	2	2,731.6	28	Korea
6	ウクライナ	1,381.8	15	200.0	2			1,581.8	17	Ukraine
7	カナダ	1,330.5	18					1,330.5	18	Canada
8	ドイツ	1,269.6	9					1,269.6	9	Germany
9	中国	1,194.8	14	3,329.9	30	2,817.5	26	7,342.2	70	China
10	英国	1,172.2	18					1,172.2	18	United Kingdom
11	スウェーデン	940.9	10					940.9	10	Sweden
12	スペイン	778.5	8					778.5	8	Spain
13	ベルギー	619.4	7					619.4	7	Belgium
14	台湾	520.0	6	270.0	2			790.0	8	Taiwan
15	インド	478.0	20	530.0	7	530.0	4	1,538.0	31	India
16	チェコ	401.6	6			200.0	2	601.6	8	Czech
17	スイス	340.5	5					340.5	5	Switzerland
18	フィンランド*	284.0	4	172.0	1	260.0	2	716.0	7	Finland*
19	ブルガリア	200.0	2			200.0	2	400.0	4	Bulgaria
20	ハンガリー	200.0	4					200.0	4	Hungary
21	ブラジル	199.2	2	140.5	1			339.7	3	Brazil
22	スロバキア	195.0	4	94.2	2			289.2	6	Slovakia
23	南アフリカ	191.0	2					191.0	2	South Africa
24	ルーマニア	141.0	2	211.8	3			352.8	5	Romania
25	メキシコ	136.4	2					136.4	2	Mexico
26	アルゼンチン	100.5	2	74.5	1			175.0	3	Argentina
27	パキスタン	78.7	3	68.0	2			146.7	5	Pakistan
28	スロベニア	74.9	1					74.9	1	Slovenia
29	オランダ	51.2	1					51.2	1	Netherlands
30	アルメニア	40.8	1					40.8	1	Armenia
31	イラン			100.0	1	38.5	1	138.5	2	Iran
32	アラブ首長国連邦					560.0	4	560.0	4	UAE
33	トルコ					480.0	4	480.0	4	Turkey
34	インドネシア					400.0	4	400.0	4	Indonesia
35	ベトナム					400.0	4	400.0	4	Vietnam
36	ベラルーシ					240.0	2	240.0	2	Belarus
37	エジプト					187.2	2	187.2	2	Egypt
38	リトアニア					138.4	1	138.4	1	Lithuania
39	イスラエル					66.4	1	66.4	1	Israel
40	カザフスタン					N/A	1	N/A	1	Kazakhstan
41	ヨルダン					N/A	1	N/A	1	Jordan
	合計	38,446.6	427	7,602.6	75	10,501.1	94	56,550.3	596	Total
	( )内は前年値	(39,220.3)	(436)	(7,573.4)	(75)	(9,974.9)	(91)	(56,768.6)	(602)	(previous year)

N/A; Not Available (The output is unknown. 出力不明)

* フィンランドの計画中の2基は出力不確定のため、仮定して集計。
The presently uncertain output of 2 planned units of Finland was temporally calculated.

図表1:「世界の原子力発電開発の動向 2012」
出典:日本原子力産業協会 HP http://www.jaif.or.jp/ja/news/2012/ichiran2012_reference.pdf

な違いである。

　このように世界には、危険であることは十分認識しながらも、不十分な安全対策の下、原発を推進して行かざるを得ない国もある。今後我が国が脱原発政策を進めて行くことは非常に望ましいことであると思われるが、だからといって他国の原発推進政策を否定することは、独善的とのそしりを免れないであろう。我々日本人が原発についてどう考えるかにかかわらず、世界は原発との「共存の国際法」を欲しているのである。

　この原発との「共存の国際法」においては、原発事故の防止が当然目的とされるべきである。しかしながら、万一事故が防止できず、他国や公海等の国家管轄権外の区域に損害が及んだ場合には、事故を起こした国自身がその損害の救済を行うことも期待される。他国や国際社会に迷惑をかけておいて、知らんふりは許されないし、もしそれを許したならば、防止義務自体が軽視されることになってしまうからである。そこで、自国領域内で原発事故が発生した国の国家責任に関する規則が重要となってくる。

第一章　自国領域内で原発事故が発生した国の国家責任に関する規則

　国際法上の国家責任の問題を考えるに当たってまず押さえておかねばならないのは、国家責任の第一次規則と第二次規則との区別である。国家責任の第一次規則とは、国家に特定の作為（あることを行うこと）又は不作為（あることを行わないこと）を命じる規範である。この第一次規則の内容は、各法分野によって異なる。例えば、国際環境法の分野では、越境損害防止義務（実体的義務に属する）や通報・協議義務（手続的義務に属する）がこれに当たる。国家責任の第一次規則の淵源は、主として条約と慣習国際法である。しかしながら、法の一般原則やソフトローと言われるものも、条約や慣習国際法の解釈適用に当たって有用な指針を示す場合があり、国家責任の第一次規則の内容を確定する際に重要な役割を果たし得る。

　他方、国家責任の第二次規則とは、第一次規則の違反があった場合に作用するものである。この第二次規則は、法分野の相違にかかわらず共通するものであって、国連国際法委員会（International Law Commission: ILC）が国家責任に関する議題の対象としたものである。2001年にILCで採択された国家責任条文の大部分は、既存の慣習国際法を法典化したものであると言われている。また、未だ慣習国際法化していない（したがってソフトローの段階に留まる）部分も、広範な諸国の支持があるため、今後、国際裁判や国家実行によって支持されて行く可能性が高い。したがって、本書では、国家責任の第二次規則

に関しては、このILCの国家責任条文に沿って話を進めて行くことにする。

なお、ILCでは、2001年に「危険な活動から生じる越境損害の防止」に関する条文草案（越境損害防止条文草案）を採択し、2006年には「危険な活動から生じる越境損害の際の損失配分原則」に関する条文草案（越境損害損失配分原則草案）を採択した。これら2つの草案は、「国際違法行為の法的結果に関する責任」（いわゆる「国際違法行為責任」、本書で言う国家責任のこと）とは異なる、「国際法によって禁止されていない行為から生じる有害な結果に関する責任」（いわゆる「国際適法行為責任」）として、国家責任の議題とは別にILCにおいて審議されてきた。

この「国際適法行為責任」の例としては、合法的な公権力の行使により損害が発生した場合の国家による補償の支払い（外国人財産の収用や公海上での臨検の場合）が挙げられる。また、危険な活動から損害が発生した場合の国家による補償の支払いも挙げられる。後者の例として、宇宙活動の場合は私人による損害に対しても国家が直接に支払い（国家の直接責任）、原子力活動の場合は私人の支払いによってもカバーされない部分を国家が支払う（国家の残余責任）ことを規定した条約もある。「国際適法行為責任」の本質は、違法性（国家の「相当の注意」の欠如（＝「過失」）を伴う場合が多い）がないにもかかわらず、国家自身が補償支払い義務を負うという点に求められる。

しかしながら、越境損害防止条文草案において、越境損害防止義務は「相当の注意」義務であり、その違反は通常の国家責任をもたらすとされている。また、越境損害損失配分原則草案において、越境損害をひき起こした国家に「相当の注意」の欠如がない場合、国家自身による補償の支払いは必ずしも求められていない。（国家としては適切な事後救済制度を整えておけばよく、民事責任、保険、基金の整備といった対応もあり得る。）このような事情に鑑みるならば、これらの草案を「国際適法行為責任」を規定したものと理解する必要性はあまりないよう

に思われる。また、原子力損害民事責任諸条約や宇宙損害責任条約のように、無過失の国家の残余責任や直接責任を規定する条約も、国家がその補償義務に違反した場合には、国際違法行為が発生し、通常の国家責任が生じる。したがって、これらを損害の救済に関する国家責任の第一次規則を規定したものと理解することは十分可能である。これは、外国人財産収用に対する補償義務──「国際適法行為責任」の典型とされてきた──の違反が、国家責任（国際違法行為責任）が生じる場合の典型例として語られてきたことからも明らかである。したがって、本書においては、国家責任の第一次規則の所で、越境損害防止条文草案、越境損害損失配分原則草案、及び原子力損害民事責任諸条約について触れることにする。

1　第一次規則

(1)　条　約

　条約とは、国家間の明示の合意である。文書によるものが通例であるが、口頭での合意も、その証明の困難さが存在するとはいえ、条約としての効力は同じである。

　原発事故の防止や事故の影響の最小化を定めた条約は、チェルノブイリ原発事故以前には存在しなかった。チェルノブイリ原発事故後にやっと、原子力事故早期通報条約や原子力安全条約といった諸条約ができたのである。（これらの条約に関しては、本書第二章3節参照。）

　それに対し、原発事故による損害の救済に関しては、既に1960年代から民事責任に関する諸条約ができていた。すなわち、1960年「原子力分野における第三者責任に関する条約」（通称パリ条約、1968年発効）と1963年「原子力損害に関する民事責任に関する条約」（通称ウィーン条約、1977年発効）である。これらの条約（後述のCSCも同様）は、①裁判管轄権の事故発生国への集中、②運用管理者（福島原発事

故の場合なら東電）への責任集中とその無過失責任及び免責事由の制限、③賠償の額及び請求期間の限度設定、④国家の残余責任、といった共通の特徴を有している。

　パリ条約は、経済協力開発機構（OECD）諸国、すなわち西側先進国が中心の条約で、現在15カ国（ノルウェー、イタリア、デンマーク、ドイツ、オランダ、スウェーデン、フィンランド、スロヴェニア、トルコ、ギリシャ、スペイン、ベルギー、フランス、英国、ポルトガル）が加盟している。この条約は、1963年ブラッセル補足条約（1974年発効、締約国はパリ条約加盟15カ国のうち、トルコ、ギリシャ、ポルトガルを除く12カ国）によって補完され、2004年パリ条約改正議定書（加盟国はスイスとノルウェー）及び同年ブラッセル補足条約改正議定書（加盟国はスイス、スペイン、ノルウェー）によって拡充強化されているが、この両改正議定書は、現在未発効である。

　他方、ウィーン条約の方は、東欧や中南米諸国を中心とする国際原子力機関（IAEA）加盟国が締結したもので、加盟国数は現在38（カメルーン、エジプト、チリ、エストニア、クロアチア、リトアニア、ウクライナ、スロヴァキア、ブルガリア、チェコ、ハンガリー、ウルグアイ、セント・ヴィンセント・グレナディン、アルメニア、メキシコ、ボリビア、ニジェール、ブラジル、ナイジェリア、キューバ、ペルー、レバノン、フィリピン、モルドバ、ロシア、ボスニア・ヘルツェゴヴィナ、マケドニア、セルビア、セネガル、トリニダード・トバゴ、ラトヴィア、ポーランド、ルーマニア、ベラルーシ、モンテネグロ、カザフスタン、サウジアラビア、アルゼンチン）である。1997年にこの条約の改正議定書が採択され（2003年発効）、それに現在10カ国（ラトヴィア、ポーランド、ルーマニア、ベラルーシ、モロッコ、モンテネグロ、カザフスタン、サウジアラビア、アルゼンチン、アラブ首長国連邦）が加盟している。

　チェルノブイリ原発事故後の1988年に、ウィーン条約とパリ条約の適用範囲を拡大するための統合議定書が採択された結果、いずれ

か一方の条約の当事国は、他方の条約の当事国とみなされることになった。この統合議定書は、1992年に発効し、加盟国数は現在26（ノルウェー、イタリア、デンマーク、ドイツ、オランダ、スウェーデン、フィンランド、スロヴェニア、トルコ、ギリシャ、カメルーン、エジプト、チリ、エストニア、クロアチア、リトアニア、ウクライナ、スロヴァキア、ブルガリア、チェコ、ハンガリー、ウルグアイ、セント・ヴィンセント・グレナディン、ラトヴィア、ポーランド、ルーマニア）である。

なお、ロシアとウクライナは現在、ウィーン条約に加盟しているが、チェルノブイリ原発事故当時、ソ連は未加盟であり、また我が国はパリ条約、ウィーン条約いずれにも未だ加盟していない。もっとも我が国も、福島原発事故を契機に原子力損害民事責任条約への加盟を検討中とのことであり、特に1997年にIAEAで採択された「原子力損害の補完的補償に関する条約」（Convention on Supplementary Compensation for Nuclear Damage: CSC）への加盟を中心に考えているとのことである。CSCは現在未発効であるが、米国、アルゼンチン、モロッコ、ルーマニアが加盟しており、我が国が加盟すれば発効するという状況にある。

その他、特に原発事故を念頭に置いたものではないが、原発事故による越境放射能汚染にも適用される可能性のある条約としては、チェルノブイリ原発事故の際に問題となった1979年長距離越境大気汚染条約（1983年発効、ソ連は1980年に批准）や、福島原発事故の際に問題となった1982年国連海洋法条約（1994年発効、我が国は1996年に批准）などもある。これらについて、詳しくはチェルノブイリ原発事故と福島原発事故の箇所で述べることにする。

(2) 慣習国際法

慣習国際法とは、国家の慣行（同様な行為の繰り返し）が法的信念（法であるべきとの考え）に裏打ちされてできたものである。従来はその

成立に長い年月が必要とされてきたが、今日では僅かな期間（例えば10年間）でも、利害関係国を含む広範な諸国の参加があれば成立するとされている。

　慣習国際法上、国家は、越境損害が発生することを「相当の注意」をもって防止する義務（越境損害防止義務）を負っている。この義務は、1941年の米国カナダ間でのトレイル溶鉱所事件仲裁判決（最終判決）で既に述べられていた。そして、1972年ストックホルム人間環境宣言原則21や1992年環境と発展に関するリオ宣言第2原則等でも確認されている。さらに、1996年国際司法裁判所（ICJ）の核兵器使用の合法性勧告的意見（国連総会の諮問によるもの）において、その慣習国際法性が一般的に宣言されるまでに至っている。この義務は、元来、ある国の領域内の活動により他国の領域内で損害が発生する場合に適用されるとされてきたが、ストックホルム宣言以降、損害が公海等の国家管轄権外の区域で発生する場合をも含めるような形で、その適用対象が拡大されてきている。（ストックホルム宣言以降、国家の領域的管轄権下の活動のみならず、その物理的管理下の活動から生じる損害をも含めるような形で、その適用対象がさらに拡大されてもいる。）

　越境損害防止義務の違反が生じるためには、「越境損害の発生」と「『相当の注意』の欠如」という2つの要件が必要となる。（実際に越境損害や汚染が発生していなくとも、汚染防止を確保するために十分な体制を整えるよう「相当の注意」を払う義務の違反が問題とされる傾向があることについては、ICJパルプ工場事件判決に関連して後述する。）

　まず、「越境損害の発生」という要件に関して言えば、この要件は、さらに「損害の発生」と「損害の越境性」という二つの側面に分けられる。前者の「損害の発生」に関して、トレイル判決では、「明白かつ説得的な証拠により証明される『甚大な』（serious）損害」が発生している必要があるとされ、大規模かつ因果関係の明白な損害の発生が必要との立場がとられていた。その後、それほど大規模な損害の発

生までも要求するのは不合理だとの意見が強まり、ILC の越境損害の防止条文草案や損失配分原則草案では、損害は「甚大な」ものである必要はないとされた。もっとも ILC も、損害は人間の健康、財産、環境等に真の悪影響をもたらすような「重大な」(significant) ものでなければならないとした。これは、生活上の多少の不便や不快感といった軽微な影響をもたらすに過ぎないようなものは除外するとの趣旨である。他方、明白な因果関係の証明という点に関して言えば、近時「予防原則」ないし「予防的アプローチ」の名の下、原因行為と損害との因果関係が明白でない場合でも早い段階での対処が重要であると説く論者の中には、「回復し得ない損害」が発生するおそれがある場合には立証責任が転換されると主張する者もある。(「予防原則」からは法的拘束力ある規範が含意され、「予防的アプローチ」からは法的拘束力のない単なる望ましい法政策的手法・指針が含意される。欧州諸国は前者、米国やICJ は後者の表現を好む。以下、予防原則（予防的アプローチ）と表記する。）しかしながら、ICJ は 2010 年のパルプ工場事件判決（アルゼンチン対ウルグアイ）でこの主張を否定した。

　放射能の場合、無色透明無味無臭という外見上判別し難い特性を有すること、長期的な影響を徐々にひき起こす可能性があること、並びにどの程度の自然界レベルからの増加があれば人体や環境に危険かの境界を引くことが（急性症状をひき起こすレベルは別として）容易ではないこと、などの理由から、原因行為と損害との間の明白な因果関係の証明は極めて困難になる。したがって、「損害の発生」という要件との関係で問題をはらむことになる。

　他方、「損害の越境性」という側面について言えば、損害の影響が、一国の領域的管轄権下の区域（領土、領空、内水、領海、接続水域、排他的経済水域、群島水域、大陸棚）から他国の領域的管轄権下の区域又は国家管轄権外の区域（公海、深海底、南極、宇宙空間）へと国家管轄権の境界を越えて広がる場合、越境性があると通常言われる。現在稼

動中又は近い将来建設が予定されている原発は全て陸上（国家領土上）に存在するため、「損害の越境性」を論じる際には、差し当たりこの考え方で十分であろう。（将来的に原発が公海上や宇宙空間に建設される可能性や原子力船については、本書では考慮しない。）

なお、越境損害の防止条文草案や損失配分原則条文草案において、ILCは、ストックホルム宣言にならって、国家の領域的管轄権下の活動のみならずその物理的管理下の活動が他国に悪影響をもたらす場合にも損害の越境性ありとしている。これは、例えば、他国領海を無害通航中の外国船舶がその国に損害を与える場合や、公海上においてある国の船舶又は施設が同じく公海上にある他国の船舶又は施設に損害を与える場合である。もっとも、これらのILC条文草案においては、公海等の国家管轄権外の区域に対する損害は、対象外とされている。

次に、「相当の注意」の欠如という要件に関して言えば、この「相当の注意」が求められる前提として、当該活動に対して管轄国の物理的管理が及んでいることと、その活動が越境損害をひき起こす可能性があることを管轄国が「了知」していること（「事情の了知」＝予見可能性）が必要となる。また、この注意は「善良な政府」に一般に期待され得るような注意であるが、予め一義的に決定することは困難で、物理的管理の実効性の程度、事故発生時の状況、活動の危険性の程度、被害を受けるおそれのある環境の脆弱性等により変わり得るものである。またその管轄国の能力も考慮され、基本的にはその国の国内基準に基づき判断されることになるが、その場合でも最低限度の国際基準には達している必要がある。

この点、原発は「高度に危険な活動」の典型とされるものであり、一般的に言って高いレベルの注意が要求される。しかし、チェルノブイリ原発事故が発生した当時のソ連の技術的・経済的な能力から考えて、当時ソ連に求められていた注意の程度は、福島原発事故の際に我が国に求められていたものほどは、高くはなかったということになる

その他、慣習法規則と考えられるものとしては、1949年ICJコルフ海峡事件で確認された緊急事態の際の通報義務、1957年ラヌー湖仲裁判決（フランス/スペイン）で示された被影響国の情報請求権（[自主的にではなく]その要請に応えて情報を提供するという相手国の義務を含意する）、ICJパルプ工場事件判決で示唆された環境影響評価義務（同判決は、環境影響評価を行うことは今や一般国際法上の要件とみなすことができるかもしれないと述べる）がある。これらは、越境損害防止義務という実体的義務の履行を確保するための手続的義務という性格を有する。この点、最後の環境影響評価に関して、パルプ工場事件判決でICJが、それを手続的義務ではなく実体的義務（すなわち「相当の注意」をもって汚染を防止する義務）の箇所で論じたのは、環境影響評価義務が、手続的義務として慣習国際法上確立していないとしても、「相当の注意」の一要素ではあるとの判断からかもしれない。或いはまた、汚染防止の実体的義務、すなわち汚染発生の予見義務や結果回避義務の観点から見て、環境影響評価義務は重要性・関連性が高いと判断されたからかもしれない。同判決が同じく「相当の注意」の箇所で扱った、被影響住民との協議や「最善の利用可能な技術」の使用についても、同様の考慮が働いているものと思われる。

なお、（緊急時ではなく）通常時の自主的な通報・情報提供・協議義務も、ILC越境損害防止条文草案には規定されているが、これらが慣習法規則として確立しているかは――国際水路等、特殊な地域レジームが成立し得る場所では確立しているとも考えられるが――疑わしい。実際、原発建設に関して、国境付近で行われるものは別として、それ以外の場合に、近隣国へ通報・情報提供を行い協議するという実行の積み重ねは認められない。また、協議義務に関しては、被影響国との協議義務と並んで被影響住民との協議義務も論じられることがあるが、ICJは、パルプ工場事件判決でその義務の慣習国際法性を否定している。

ここまでの議論は、主として「相当の注意」義務たる越境損害防止義務という実体的義務と、その実施のための環境影響評価、通報、情報提供、協議といった手続的義務に関するものであった。放射能汚染を含む越境汚染に適用され得る慣習法規則としては、その他、国際水路の衡平利用原則や公海自由の原則といったものもある。これらの規則は、自然資源の衡平かつ合理的な利用を義務づける実体的義務としても理解され得るものである。したがって、環境保護の側面でも一定の役割を果たし得ることは否定されないが、越境損害防止義務の働きを弱めるようには――少なくとも汚染物質、特に放射能のように人体に危険な汚染物質の場合は――作用しない。このことは、ILCでの審議を経て1997年に採択された国際水路非航行的利用法条約（現在未発効）の起草過程における越境損害防止義務と衡平利用原則との関係をめぐる議論からもうかがえる所である。また、1974年核実験事件判決（ニュージーランド対フランス）の再審査請求事件に関する1995年ICJ命令及び被告フランスの主張からも読み取れる所である。この再審査請求事件において、ICJは、以前問題となっていた大気圏内核実験ではなく地下核実験という別の問題が提起されているとして、ニュージーランドの請求を斥けた。しかしながら、ICJは、海洋環境保護義務が慣習国際法上確立していることを両国とも認めていることに留意しているのである。本件において、フランスも、1974年当時行っていたような、海洋環境保護義務を無視した形での自国領域内での核実験の自由の主張はもはや行っていない。（フランスは仏領ポリネシアで核実験を行っていた。）このことは、かつて米国が1940年代半ばから1950年代にかけて、当時米国の信託統治地域であったビキニ環礁で水爆実験をした際に見られたような主張――すなわち、自由主義社会の防衛という合理的目的を有する大気圏内核実験は、公海自由の原則によって認められる所であって、たとえ海洋環境を汚染する結果となっても合法であるとの主張――は、もはや存立の余地がないものと

なっていることを物語っているように思われる。(1954年のビキニ水爆実験の際に死の灰を浴びた日本漁船第五福竜丸とその乗組員に対し、米国は補償金を支払ったが、あくまで「恩恵による支払い」(compensation *ex gratia*)であって法的責任を認めたものではないとの立場をとった。)無制約ではないにしろかなりの程度に絶対的な領域主権を根拠にしても海洋環境保護義務からは免れ得ないのに、他国の権利に合理的考慮を払って権利行使せねばならないという内在的制約を伴う公海自由の原則を根拠に海洋環境保護義務から免れ得るとは、到底考えられない所である。

以上のことから、原発事故による越境放射能汚染に対する国家責任の問題に関しては、慣習法規則としては越境損害防止義務の視点からのみ論じれば足りると考えられる。

(3) 法の一般原則

法の一般原則は、従来、信義誠実の原則や既判力の原則等、各国の国内法に共通の法原則として理解されてきた。そしてこれは、国際裁判において国際法の不存在を理由に裁判不能となることを回避するために導入されたものであると言われている。しかしながら今日では、「国際法の一般原則」も法の一般原則の中に含めて理解される傾向が強い。例えば、ICJパルプ工場事件において、被告ウルグアイは、予防原則（予防的アプローチ）は、国家慣行の積み重ねが十分ではないため慣習国際法の段階にまでは至っておらずソフトロー原則に過ぎないと主張したが、同国の代理人を務めたボイルという英国の国際法学者は、予防原則（予防的アプローチ）は「国際法の一般原則」に該当するものと、その著作の中で述べている。もっともこの事件で、ウルグアイは、予防原則（予防的アプローチ）による立証責任の転換は否定していた。他方、原告アルゼンチンは、予防原則（予防的アプローチ）の慣習国際法性とそれによる立証責任の転換とを主張していた。これに対し、ICJは、予防原則（予防的アプローチ）の法的地位を論じるこ

となく、その適用に両当事国が同意していることを根拠にそれを適用したが、前述のようにそれによる立証責任の転換までは認めなかった。

この事件で、ウルグアイによりソフトロー原則と主張され、同国代理人ボイル氏の著作の中で「国際法の一般原則」と述べられた予防原則（予防的アプローチ）は、それ自身が国家責任の第一次規則として機能することは期待されていなかった。それは、アルゼンチンとウルグアイ間の条約であるウルグアイ川規程の中で規定された汚染防止義務の解釈指針として、条約法条約第31条3項（c）（条約解釈に当たっては、当事国の間の関係において適用可能な国際法の関連規則をも参照すべしとする）の規定を介して機能することが期待されていたのである。

(4) ソフトロー

ソフトローとは、法的拘束力ある義務であることを示すハードローに対置される言葉で、法的拘束力はないが一定の規範力を有する法のことである。ソフトローには法的拘束力がないためその違反によって国家責任は生じないが、「ソフトな責任」は生じ得るとする見解もある。この見解によれば、この「ソフトな責任」により、説明義務や「恩恵による支払い」が求められることにもなり得るという。さらに、ソフトローの「正当化効果」を指摘する論者もある。このような論者によれば、ソフトローに従う法的義務は存在しないが、ソフトローに従って行動した国家に対して、他の国家は他の国際法規範（ハードロー）違反を追及することはもはやできなくなるという。

これらの見解の当否はさておき、ソフトローが後に慣習国際法として結実して行くことが多いことは、良く知られた事実である。例えば、ストックホルム宣言で述べられた、越境損害防止義務が、国家管轄権外の区域の環境への損害をも対象とする点や、自国の領域的管轄権下の活動のみならずその物理的管理下の活動をも対象とするという点は、その当時はまだ慣習国際法として確立していたと明確に言うことは困

難であった。しかしながら、核兵器使用の合法性に関するICJ勧告的意見でその慣習国際法性が肯定された。

　このような慣習国際法形成機能と並んで、ソフトローには、上述のように、法の一般原則同様、条約や慣習国際法の解釈適用指針としての機能が期待されている。この点、先に言及したボイル氏は、法の一般原則と単なるソフトローとの区別を行い、条約法条約第31条3項（c）の規定により条約（及び彼によれば慣習国際法）解釈指針たるのは、法の一般原則だけであるとする。しかしながら、同項は義務的参照を命ずる規定であるため、任意的参照の対象として法の一般原則ではない単なるソフトローを含めることには、何ら問題はない。また、2001年に世界貿易機関（WTO）の米国エビ事件に関する遵守小委員会は、紛争当事国によって受入れられたソフトローも条約法条約第31条3項（c）の対象になると判断している。この判断は、2006年に欧州共同体（EC）バイテク製品事件に関する小委員会によって否定されている。（同小委員会は、紛争当事国だけでなく全てのWTO加盟国が当事国となっている条約のみが条約法条約第31条3項（c）の対象となると判断した――したがってソフトローは問題外となる――。）しかし、本論点に関するWTO上級委員会の判断は未だ下されていない。したがって、法の一般原則ではない単なるソフトローも、一定の条件の下、条約法条約第31条3項（c）の規定により義務的参照の対象とされる可能性も消えてはいない。

　例えば、法の一般原則ではない単なるソフトローの典型とされるものに、IAEAの原子力安全基準がある。これは、慣習国際法上の越境損害防止義務違反の有無を判断する際、「相当の注意」の欠如があったか否かを認定する基準として大いに役立ち得るものである。またそれは、原子力事故早期通報条約や原子力安全条約等の解釈適用に当たっても大いに参照され得るであろう。さらにILCの越境損害の防止条文草案や損失配分原則条文草案も、慣習法規則となっていない部

分については、ソフトローとして、損害の事前防止及び事後救済に関する「相当の注意」の欠如があったか否かを判断する際に用いられることが期待される。

2　第二次規則

　国家責任が成立するためには、①ある行為が国家に帰属し、②その行為が国際義務に違反すること、という二つの要件が必要である（ILC国家責任条文第2条）。

　まず後者の「国際義務の違反」について先に述べると、問題となる第一次規則の内容によって、故意・過失や損害の要件が必要か、が変ってくるというのがILCの立場である。したがって、第二次規則の法典化たる国家責任条文では、両要件の問題は扱われなかった。しかし、自国領域内で原発事故が発生した国の国家責任の問題を考える際には、両要件の検討が不可欠となるので、ここで多少触れておくことにする。越境損害防止義務に関して言えば、この義務の違反が成立するためには、先に述べたように、故意・過失（少なくとも過失＝「相当の注意」の欠如）と越境損害の発生とが必要である。もっとも、「相当の注意」の内容が客観化され、具体的な実施方法の義務として手続的義務（環境影響評価、通報、情報提供、協議の義務や「最善の利用可能な技術」使用義務）になっている場合は、故意・過失や越境損害発生がたとえなかったとしても、その手続不履行の事実だけで義務違反が生じることになる。また最近では、原子力安全の分野で、「原子力の安全性を確保するよう『相当の注意』を払う」義務が規定されるようになっている。この場合、この義務の違反が生じるためには、故意・過失は必要とされるが越境損害の発生はもはや必要とはされず、「原子力の安全性が確保されない事態」が発生すればそれで良いことになる。パルプ工場事件判決で、ICJが、アルゼンチンによる汚染発生の証明がな

いとした時点で実体的義務違反なしとはせずに、さらに「相当の注意」の欠如がなかったかどうかを、環境影響評価、被影響住民（アルゼンチン側だけでなくウルグアイ側住民をも含む）との協議、「最善の利用可能な技術」の使用、といった観点から精査したのも同様の理由からであろう。すなわち、ウルグアイ川規程が、汚染発生を防止するための「相当の注意」義務に留まらず、「汚染防止を確保するために十分な体制を整えるよう『相当の注意』を払う義務」を規定しているとICJは判断したのである。

　次に、後者の「行為の帰属」に関して言えば、第一に、国家（地方公共団体も含む）の機関の行為は国家に帰属する（ILC国家責任条文第4条）。第二に、統治権能の要素を行使する者の行為は国家に帰属する（同第5条）。第三に、国家の指示・指揮・支配の下に行動する者の行為は国家に帰属する（同第8条）。第四に、国家が国家自身のものとして承認し採用する行為は国家に帰属する（同第11条）。

　この点、まずチェルノブイリ原発事故について考えると、チェルノブイリ原発は、国家とは独立の法人格を有する国営企業が運営していた商業用発電所であった。したがって、正式の国家機関の行為ではなく、統治権の要素を行使していたとも言えない。また、事故発生後に、チェルノブイリ原発運営会社が、ソ連政府の指示・指揮・支配の下に行動していた可能性や、放射能拡散防止措置（例えば原発の石棺化）をソ連が国家自身のものとして承認し採用していた可能性はある。しかしながら、事故発生前のチェルノブイリ原発運営会社の行為をソ連に直接帰属させることは、事故発生前からソ連政府の指示・指揮・支配の下に同会社が行動していたことが立証され得ない限り、無理である。

　他方、福島原発事故について言えば、福島原発は東電という私企業が運営していた商業用発電所であるため、その行為を日本という国家に直接帰属させることは、事故発生前に関しては同様に無理であ

る。しかし、事故発生後の 2011 年 3 月 15 日の統合対策本部設置以降は、政府・東電一体の意思決定がなされている。したがって、それ以降の東電の行為には、例えば同年 4 月 4 日に行われた低濃度放射能汚染水の海洋への意図的放出のように、国家の指示・指揮・支配の下に行動していたものとして、直接日本に帰属すると考えられるものもある。また、統合対策本部設置前の東電の行為であっても、例えば、同年 3 月 12 日に海江田経産大臣が、東電に対して原子炉等規制法第 64 条 3 項に基づき 1 号機のベント実施を命令した結果行われた東電による 1 号機のベントも、同様な理由から直接日本に帰属すると考えられる。

このように、チェルノブイリ原発事故の場合も福島原発事故の場合も、事故発生後の対応措置についてはともかく、事故発生前の原発運営会社の行為については、国家に直接帰属させることはできず、国家の「相当の注意」義務違反が問題となるのみである。

最後に、違法性阻却事由について触れておく。ILC の国家責任条文では、違法性阻却事由として、同意（第 20 条）、自衛（第 21 条）、対抗措置（第 22 条）、不可抗力（第 23 条）、遭難（第 24 条）、緊急状態（第 25 条）、の 6 つが挙げられているが、このうち原発事故に関連して問題となり得るのが、不可抗力と緊急状態である。

不可抗力とは、同条文によれば、「当該国の支配を超える抵抗しがたい力又は予測できない事態の発生であって、その事情の下で義務の履行を実質的に不可能とするもの」と定義されている。不可抗力の事態が発生した場合は、国際義務に違反する行動がとられても、その違法性は阻却される。地震や洪水は、同条文のコメンタリーでも不可抗力の典型として挙げられており、福島原発事故の場合、特に問題となろう。また、「予測できない事態の発生」には、チェルノブイリ原発事故の際に起こった原発機器の動作不良も含まれるかが問われるかもしれない。これらについては、後で詳しく述べることにする。

他方、緊急状態は、緊急やむをえない場合に国際義務に違反した行動をとることを正当化するものである。同条文によれば、「その行為が重大でかつ急迫した危険に対して不可欠の利益を保護するための当該国にとっての唯一の手段であり、かつ、その行為が義務の相手国又は国際社会全体の不可欠の利益に対する重大な侵害とならない場合」に緊急状態は援用され得るとされる。但し、「当該国際義務が、緊急状態を援用する可能性を排除する場合、又は、当該国が緊急状態に寄与する場合」には援用され得ないとされている。福島原発事故の際に行われた低濃度放射能汚染水の海洋への意図的放出が、緊急状態として正当化され得るかについては、後で詳しく検討することにする。

第二章　チェルノブイリ原発事故の
　　　　　国際法的評価

1　事故の経過

　チェルノブイリ原発のあるチェルノブイリ市は、ソ連ウクライナ共和国にあり、首都キエフの北西約120キロに位置していた。チェルノブイリ原発には、黒鉛減速沸騰軽水圧力管型原子炉（RBMK-1000型）4基が存在していた。この型の原子炉は、原子炉格納容器がなく、引火しやすい黒鉛を使用しているため、元来非常に危険なものであった。

　1986年4月26日午前1時23分、同原発4号炉においてタービンテスト中に事故が発生した。タービンテストとは、停電の際に、非常用ディーゼル発電機が起動するまでの約40秒間、システムの動作維持に必要な電力を、タービン回転の余力で供給できるかを調べるために行われるテストのことである。この事故により、4号炉は原子炉の暴走、炉心溶融、爆発へと至った。事故原因は、ソ連の事故報告書によれば、運転員の運転規則違反（非常用炉心冷却装置を含む重要な安全装置を全て解除した上でテストを行っていた等）であるとされている。しかし、タービンテストを行うためのプログラムの不備や、発電所の職員によるそのプログラムからの逸脱、さらには原発機器の動作不良（制御棒の構造的欠陥によって一時的なエネルギー出力の増大がもたらされ、制御棒径ガイドが変形した結果、緊急停止ボタンを押しても制御棒が3分の1しか入らなかった）も指摘されている。また原子炉格納容器がなかっ

たことや引火しやすい黒鉛を使用していたため大規模な火災をひき起こしたことも、放射性物質の拡散を助長した要因として挙げられる。したがって、事故は、人的過失、原発機器の動作不良、原発の制度的・構造的欠陥が複合して発生したものと考えられる。

　同年4月27日、スウェーデンのフォルスマルク原発で、異常な放射能濃度が記録された。4月28日には、スウェーデン各地及びフィンランドで異常値が検出された。事故発生の3日後の4月29日になってやっと、ソ連の国営タス通信は、チェルノブイリ原発での事故を初めて報じた。同日、ソ連外務省に対してスウェーデンが質問書を手渡し、ソ連が早期警報を出さなかったことに対して遺憾の意を表明した。5月1日、日本の鹿取駐ソ大使が、ソ連外務省に事故情報提供を申し入れた。5月5日、東京サミットで、「ソ連原発事故の影響に関する声明」が採択された。その声明は、ソ連に対して事故情報の提供をなすよう求めており、また原発事故情報に関する国際協定を作ることを提唱していた。その後、8月25日から29日にかけてIAEAにおいて事故の検討会が開かれ、そこへソ連の事故報告書が提出された。9月26日には、IAEA総会において、原子力事故早期通報条約と援助条約が採択されている。

　事故によって大気中へ放出された放射線量は約520万テラベクレル（1テラベクレルは1兆ベクレル）、また総放出放射線量は広島型原爆約400個分に相当するという。このような放射能の影響により、チェコスロバキアでは12万人、ハンガリーでは8万6千人、西ドイツでは5万人ものがん死者が将来発生するとも言われた。西ドイツでは、牛乳、野菜その他の食品の消費管理が行われ、東欧での事業を営む者や旅行業者、季節農業労働者が顧客や職を失った。それに対して、西ドイツ政府は、約5億マルクの補償金を被害者に支払った。その他、概算でオーストリア15億シリング、イタリア5000億リラ、オランダ77万ギルダー、ノルウェー1億6500万ノルウェークローネ、スウェー

デン2億5000万スウェーデンクローネ、英国430万ポンド、ソ連13億ルーブル、ハンガリー620万ポンドの補償金を各政府は支払っており、さらに損失は、ソ連で20億ルーブル、ブルガリアで4800万ポンド、ハンガリーで1200万ポンド、ポーランドで2300万ポンドに上ると言われている。

事故の翌週に、原子炉それ自身は砂嚢で覆われ、その後コンクリート製の石棺が、原子炉とその中身を封じ込めるために早急に建てられた。石棺は1986年11月に完成したが、耐用年数は約30年とされており、現在補修作業が計画されている。

2　ソ連の国家責任

(1)　条約違反——長距離越境大気汚染条約

本事故で発生したのは、放射能による越境大気汚染であったため、長距離越境大気汚染条約の違反が問題となった。本条約に関しては、その作成に当たって放射能汚染は念頭に置かれていなかったこと等を理由に、その原発事故への適用を否定する論者も存在する。また、たとえその適用を認めるとしても、本条約は、汚染削減にできる限り努力する義務を定めただけである（第2条）こと、及び早期通報義務に関する規定がないこと（第8条の情報交換には時間的定めなし）から、その違反を言うことは難しい。さらに、たとえその違反が言えたとしても、賠償責任に関する規定が明示的に除外されていること（第8条脚注1）から、せいぜい陳謝と再発防止（更なる防止努力）の確約を得るのが関の山であり、損害賠償までは求めることができない。

(2)　慣習国際法違反

ここで問題となる慣習国際法規則は、越境損害防止義務と緊急事態の際の早期通報義務である。

まず、越境損害防止義務について言えば、「越境損害」の発生と「相当の注意」の欠如という二要件のうち、「越境損害」が発生したことは疑いない。各国が受けた損害は、トレイル溶鉱所事件最終判決で認められた賠償額（7万8千ドル）をはるかに上回るものであり、したがって従来の慣習国際法上要求されていた「甚大な」損害の発生が認められる。しかし、この損害とチェルノブイリ原発事故との因果関係の証明に関しては、問題があった。というのは、各国は、それぞれ独自の放射能基準（介入基準）に基づいて食品規制措置をとっていたからである。例えば、野菜に対するヨウ素131の介入基準は、キロ当たり西ドイツでは250ベクレルであったのに対して、日本では7,400ベクレル、英国では11万ベクレルであった。（ちなみに、福島事故後の日本の暫定規制値は2,000ベクレルである。）実際、ソ連は、各国で発生した損害は、各国がとった不必要な食料品の規制措置の結果発生したものであるとして、事故と損害との因果関係を否定した。また、旅行業者や貿易業者が被った損害は、いわゆる「風評被害」の部類に属するものとして、因果関係が否定されやすいものであった。このような因果関係証明の困難さには、人体に危険が及ばないレベルを確定することが極めて困難であり、また無色透明無味無臭の故、測定器具を使わない限り外見からは汚染されているかどうかが分からないという放射能の特性が大いに影響していたと考えられる。

　他方、「相当の注意」の欠如の証明も困難であった。「相当の注意」の欠如を証明する際には、ICJコルフ海峡事件判決が述べたように、事実上の推定や状況証拠に依拠することが可能であるとしても、今回の事故の場合は大変な困難さが付随した。第一に、「相当の注意」が求められる前提となる「事情の了知」（＝予見可能性）に関して言えば、チェルノブイリ原発の事故によって遠く離れた国にまで被害が及ぶことを、当時ソ連は「了知」していたとの証明が困難である。実際、チェルノブイリ原発事故に関する民事訴訟において、オーストリアのイン

スブルック控訴裁判所は、ソ連には事故の影響が他国へ及ぶことの予見可能性がなかったとして裁判管轄権を否定している。(もっとも、この事故の後は、原発事故の影響が遠く離れた国へも及ぶことが世界的に認識されたことから、「事情の了知」が存在しなかったという言い訳は通用しないであろう。）第二に、ソ連は、原発職員個人の過失が原因であるとし、原発の設置・監督に関する国家の過失を否定している。万が一、原発職員個人の行為が国家に帰属するとされる場合——前述のようにその証明は極めて困難であるが——には、原発職員個人の過失は国家の過失とされるので話は別であるが、そうでない場合には、ソ連の原発の設置・監督における過失の証明が必要となる。(具体的には、ソ連のエネルギー電力省や原子力協会総連合の過失が問題となろう。）この点、当時はまだ原子力安全条約もできておらず、原発の設置・監督に関する拘束力ある国際基準は存在していなかったため、ソ連の国内基準のみに基づいてそのような過失の有無を判断することになる。西側先進国並みの注意のレベルを期待できないソ連の過失を証明するのが非常に困難となることは、言うまでもない。

　次に、早期通報義務について言えば、ウクライナ共和国は、自国は適切な情報を迅速に通報したと主張している。実際には3日遅れで、しかも他国からの照会への回答という形での通報であったが、通報を行うべき時間的制限、情報内容、及び相手方が慣習国際法上は明確には定まっていなかったため、ウクライナの行為を国際法違反と断ずることもまた難しい。

　以上のように、越境損害防止義務と早期通報義務の両方とも、その違反を追及することは非常に困難であった。チェルノブイリ原発事故後にどの国もソ連の国家責任を追及しなかった背景には、政治的考慮の他に、このような法的考慮もあったものと推察される。

(3) 違法性阻却事由──不可抗力

違法性阻却事由の一つである不可抗力の場合の「予測できない事態の発生」には、チェルノブイリ原発事故の際に起こった原発機器の動作不良も含まれるであろうか。結論から言えば、答えは No である。

不可抗力を規定する ILC 国家責任条文第 23 条では、「不可抗力の状態が不可抗力を援用する国それ自体の行為又は他の要因と結びついたその国の行為による場合」には不可抗力を援用できないとされている。原発機器の動作不良は、チェルノブイリ原発運営会社による根本設計や整備点検の不十分さ、ひいてはそれを見過ごしていたソ連の国家体制そのものに原因が求められるわけであり、不可抗力が想定している外部的事象を原因とするものではない。実際、ILC の国家責任の議題における第 2 特別報告者アゴーが 1979 年に提出した第 8 報告書では、不可抗力を援用できない例として、(悪天候や被弾によらない)航空機のエンジントラブルの場合が挙げられている。

なお、同条では、不可抗力を援用できない場合として、その他に「その国が不可抗力の状態が生じる危険の負担を予め引き受けていた場合」も挙げている。この点、原発という「高度に危険な活動」を行うに当たって、その国は原発運営に伴う危険の負担を予め引き受けていたと解す余地もないではない。しかしながら、同条のコメンタリーでは、その危険の引き受けは、明白でなければならず、また義務の名宛人に対して向けられたものでなければならないとされている。したがって、近隣国(又は国際社会一般)に対して明示的に原発運営に伴う危険負担を予め引き受けることを宣言していた場合は別として、通常の場合は、原発運営国から危険負担の明確な意思を読み取ることは困難である。もちろんソ連は、そのような危険負担の引き受け宣言はしていない。

3 事故後の第一次規則の発展

ここで取り上げる条約は、1986年原子力事故早期通報条約、1994年原子力安全条約、1997年使用済燃料・放射性廃棄物管理安全条約、の3つである。1988年に採択されたパリ条約とウィーン条約の統合議定書については前述したし、1986年に早期通報条約と同時に採択された原子力事故の際の援助条約は、越境損害に対する事故発生国の国家責任に関連するものではないため、ここでは取り上げない。

(1) 原子力事故早期通報条約

原子力事故早期通報条約は、チェルノブイリ原発事故直後の1986年9月に採択され、同年10月に発効した。日本は1987年に受諾している。現在、加盟国は114カ国。

この条約は、チェルノブイリ原発事故の際のソ連による通報の遅れによって、越境放射能汚染の影響が拡大したことを反省して作られたものである。チェルノブイリ原発事故当時既に、自国領域内で原子力事故が発生した国家は、損害を受けるおそれのある国に対して直ちに通報を行うという慣習国際法上の義務が、その領域国の「相当の注意」義務を具体化するものとして確立していた。しかし、そのような早期通報を行うべき情報の内容・時間的制限・相手方が明確に定まっているとは言い難い状況にあった。したがって、これらの点を明確に定めることによって管轄国の裁量の余地を狭め、原子力事故による越境汚染損害を防止する国家の義務を厳格化する必要があったのである。

しかしながら、結論から言って、この条約の規律は不十分なものに留まった。確かに、通報すべき情報の内容はある程度明確にされた（第2条及び第5条）が、通報すべき相手国については、「影響を受けており又は影響を受けるおそれのある国」と規定するのみ（第2条）であるし、通報すべき時間的制限に関しても「直ちに」通報を行うことと

述べるのみ（第2条）である。さらに、「放射線安全に関する（重大な）影響」（公定訳には「重大な」という文言はないが、原文ではsignificanceという文言が用いられており、一定程度の重大性を有する影響に対象を限定する意図が見られる）という文言が定義されないまま用いられており（第1条）、その重大性の判断は管轄国の主観に委ねられている。これらの不十分な点は、後に福島原発事故の際に問題とされることになる。

もっとも、この条約においては、義務的通報（第2条）の他に、自発的通報（第3条）もすることができるとされており、「放射線安全に関する（重大な）影響」がないと管轄国が判断した事故についても、その国の自発的意思に基づき通報を行うことが奨励されている。福島原発事故の際に日本政府が行った通報は、この自発的通報であるとされている。

(2) 原子力安全条約

原子力安全条約は、1994年に採択され、1996年に発効した。日本は1995年に批准している。現在、加盟国は75カ国。

この条約は、原発運営者（原発運営の許可を受けた者）に原子力の安全を確保する主要な責任を負わせる（第9条）と共に、管轄国についても同様の責任を定め（前文）、管轄国に自国国内法の枠内で必要な法令上、行政上その他の措置をとることを義務づける（第4条及び第7条）ものである。この条約は、原子力の安全に関する拘束力ある義務を規定した最初の条約として非常に意義深いものであるが、その規制は極めて緩いものである。

第一に、この条約は、締約国にIAEA原子力安全基準の義務的な受け入れを求めるものではなく、IAEA基準を参照して、各国が独自に安全基準や安全確保のための手続を定めることを求めているに過ぎない。

第二に、この条約の履行状況に関する報告書の提出が締約国に義務

づけられており（第5条）、提出された報告書について締約国間で検討されることが定められている（第20条）が、「原子力施設の防護に関する情報」は当該国の判断で完全に秘密扱いとすることができるようになっている（第27条1項(iii)）上に、討議内容は一切秘密とされ（同条3項）、外部者による監視が全く行われ得ない状況となっている。このような体制では、原子力安全条約の履行監視が実効的になされ得るとはおよそ考え難い。実際、内部事情を良く知る者からも、「各国は毎回同じ内容の報告をするため新味がなく、また自国の最良の部分だけを報告するため改善すべき問題点は何ら指摘されない」との声が出ているほどである。

　第三に、この条約の解釈適用に関する紛争の解決メカニズムが不十分である。すなわち、この条約の第29条は、「意見の相違を解決するため、締約国の会合の枠組みの中で協議する」と規定するのみで、紛争解決のための義務的な調停ないし裁判手続が整備されていない。また、締約国会合の枠組みの中での協議が不調に終った場合、締約国は、例えば選択条項受託宣言に基づきICJに訴えることも可能なようにも思われるが、訴えられた国は、この第29条の規定は他の紛争解決手続を排除する趣旨だとの主張を行う可能性もある。

　第四に――これが最も問題な点であるが――、安全性を向上させ得ない既存の原発は停止すべきことを定めつつ、その停止の時期は、総合的なエネルギー事情、可能な代替エネルギー並びに社会上、環境上及び経済上の影響を考慮に入れて決定できることになっている（第6条）。実際、この規定の下、旧ソ連圏諸国においては、先に述べたアルメニアのメツァモール原発のように、チェルノブイリ原発同様、原子炉格納容器がない「世界で最も危険な原発」とされる老朽化原発が未だに稼動しているのが現状である。

　このように、原子力安全条約は、最低限度の法制度整備を各国に義務づけたに過ぎないものであり、原発の安全性を実効的に確保し得る

ものではなかった。この欠陥が、後に福島原発事故をひき起こす遠因となったことは、想像に難くない。

　もっとも、この条約により、管轄国に対して、越境損害の防止という文脈を離れて作業員及び公衆の放射線防護の確保が義務づけられたこと（第15条）、並びに原発の立地及び施設それ自身に関する環境影響評価が義務づけられたこと（第17条）は、高く評価されるべきである。

(3)　使用済燃料・放射性廃棄物管理安全条約

　使用済燃料・放射性廃棄物管理安全条約は、1997年に採択され、2001年に発効した。日本は、2003年に加入している。現在、加盟国は64ヵ国。

　この条約は、原子力安全条約同様、自国法令の枠内で、使用済燃料・放射性廃棄物管理の安全のために必要な法令上、行政上その他の措置をとることを義務づけるものである（第18条）。自国法令が「国際的に認められた基準に妥当な考慮を払った」ものでなければならないことが明記された（第4条、第11条及び第24条）点は、原子力安全条約よりも一歩前進ではあるものの、やはりIAEA原子力安全基準の義務的受け入れを認めるものではなく、取られるべき措置は各国の判断に基づく「適当な措置」に留まる。その意味では、管轄国の「相当の注意」の客観化にはそれほどつながっていない。また、原子力安全条約に対してなされたその他の批判――情報の秘密性（第36条）、義務的紛争解決手続の不存在（第38条、但し「国際法に定める仲介、調停及び仲裁を利用することができる」との一文は付加された）、既存施設への時間的猶予の付与（放射性廃棄物管理施設については「相当な期間内に」措置をとることと定めるのみである（第12条））――もそのまま当てはまる。

　しかしながら、この条約では、原子力安全条約同様、越境損害の防止という文脈を離れて作業員及び公衆の放射線防護の確保が管轄国に義務づけられており（第24条）、使用済燃料・放射性廃棄物管理施設

の立地及び施設それ自身に関する環境影響評価が義務づけられている（第6条、第8条、第13条及び第15条）。特に、前者の義務に関して、「放射性物質の環境への計画されておらず又は制御されていない放出」の防止・緩和措置をとる管轄国の義務を明記した（第24条1項（iii）及び3項）ことは、福島原発事故の際の、とりわけ福島第一原発4号機で保管中の使用済燃料からの放射能漏出の問題を考える際に、重要な視点を提示することとなった。その他、使用済燃料・放射性廃棄物の越境移動の際には、有害廃棄物の越境移動に関するバーゼル条約にならい、受入国への事前通報とその同意を要件とした（第27条）点も、見落とされるべきではない。

第三章　福島原発事故の国際法的評価

1　事故の経過

　2011年3月11日に発生した東日本大震災によって、運転中の東電福島第一原発の各原子炉（分解点検中の4号機、定期検査中の5号機と6号機を除く1〜3号機）は自動的に制御棒が上がり緊急停止した（原子炉スクラム）。また、発電所への送電線が地震の揺れで接触・干渉・ショート・切断したり、変電所や遮断器など各設備が故障したり、送電線の鉄塔1基が倒壊したりしたため、外部電源を失った。非常用ディーゼル発電機が起動したものの、地震の約50分後、遡上高14 m - 15 m（コンピュータ解析では、高さ13.1 m）の津波が発電所を襲い、地下に設置されていた非常用ディーゼル発電機が海水に浸かって故障した。電気設備、ポンプ、燃料タンクなど多数の設備が損傷し、または流出で失われたため、全交流電源喪失状態（ステーション・ブラックアウト：SBO）に陥った。このためポンプを稼働できなくなり、原子炉内部や核燃料プールへの送水・冷却不能に陥り、核燃料の溶融が発生した。その結果、原子炉内の圧力容器、格納容器、各配管などの設備の多大な損壊を伴う、史上例を見ないほど甚大な原発事故へとつながった。（国際原子力事象評価尺度（INES）でチェルノブイリ事故と同じ「レベル7」）。

　点検中の4〜6号機を除く1〜3号機とも、核燃料収納被覆管の溶

融によって核燃料ペレットが原子炉圧力容器（圧力容器）の底に落ち炉心溶融が起きた。溶融した燃料集合体の高熱で、圧力容器の底に穴が開いたこと、または制御棒挿入部の穴およびシールが溶解損傷して隙間ができたことで、溶融燃料の一部が原子炉格納容器（格納容器）に漏れ出した（メルトスルー）。燃料の高熱そのものや、格納容器内の水蒸気や水素などによる圧力の急上昇などが原因となり、一部の原子炉では格納容器の一部が損傷に至ったとみられ、うち1号機は圧力容器の配管部が損傷したとみられている。また、1〜3号機ともメルトダウンの影響で水素が大量発生し、側壁のブローアウトパネルを開放した2号機以外は原子炉建屋、タービン建屋各内部に水素が充満（4号機は分解点検中だったが3号機からタービン建屋を通じて充満したとみられている）、水素爆発を起こして原子炉、タービン各建屋及び周辺施設が大破した。

　この事故により日本各地、主に東北と関東の全域及び太平洋側の海洋が放射性物質に高濃度に汚染された。汚染の原因は、大きく分けて、大気中に放出された放射性物質と海洋中に放出された放射性物質に分けられる。大気中に放出されたものは、ベント（意図的な放出）によるものの他、爆発や破損による意図しない放出によるものである。また、海洋に放出されたものは、高レベル汚染水を格納する為に、保管してある比較的汚染レベルの低い汚染水を意図的に放出したものの他に、建屋内の配管及び亀裂から漏れ出した高レベル汚染水が意図せず放出されたものである。なお、海外（アメリカ、カナダ、アイスランド、スウェーデン、ドイツ、中国、韓国、ベトナム、フィリピン、英国、ロシア、アイルランド、イスラエル等）でも微量の放射能の検出がなされたが、健康に影響を与えるほどのものではないとされている。

　原子力安全・保安院（以下、保安院）は、福島第一原発における事故に起因して、その1号機、2号機及び3号機から大気中に放出された放射性物質の総量を推計し、2011年4月12日と6月6日の2回に

わたり、その結果を公表した。6月6日に公表された推計総放出量は、ヨウ素131が約16万テラベクレル、セシウム137が約1.5万テラベクレルであった。なお、これらのヨウ素換算値は約77万テラベクレルとなる。その後2012年2月1日、保安院は、総放出量の推計の前提となる事故の進展に関する仮定を2号機及び3号機について変更したことから、大気中に放出された放射性物質の総量の推計値は、ヨウ素131が15万テラベクレル、セシウム137が0.82万テラベクレルとなり、これらをヨウ素換算値にすると48万テラベクレルとなる旨公表した。

また、原子力安全委員会（以下、安全委員会）も、同事故に起因して、大気中に放出された放射性物質の総量を、保安院とは異なる手法により推計し、2011年4月12日と8月24日の2回にわたり、その結果を公表した。8月24日に公表された推計総放出量は、ヨウ素131が約13万テラベクレル、セシウム137が約1.1万テラベクレルであった。なお、これらのヨウ素換算値は約57万テラベクレルとなる。

他方、東電が2012年5月24日に公表した所によれば、福島第一原発から大気中に放出された放射性物質総量の推計値は、ヨウ素131が約50万テラベクレル、セシウム137が約1万テラベクレル（これらをヨウ素換算値にすると約90万テラベクレルとなる）、海洋に放出された放射性物質総量の推計値は、ヨウ素131が約1.1万テラベクレル、セシウム137が約3,600テラベクレルとなった。

今回の福島事故とチェルノブイリ事故との比較は、以下の通りである。例えばヨウ素131は約10分の1の放出量となっている。なお、この表では、サイトからのプルトニウムやストロンチウムの放出量は含まれていない。（出典：高橋史明「チェルノブイリ発電所事故による環境修復、今回の事故による環境汚染との比較」『原子力学会クリーンアップ分科会「原子力安全」調査専門委員会　福島第一原子力発電所事故に関する緊急シンポジウム』http://www.aesj.or.jp/110521symp/presentations/03-02_takahashi.pdf）

□発電所サイトからの放射性物質放出量□
○福島第一
　大気中への放出量（2011/4/12 原子力安全委員会発表値）
　　・ヨウ素 131: 0.15 × 1018Bq
　　・セシウム 137: 12 × 1015B
　海洋への放出量（2011/4/21 東京電力発表）
　　・ヨウ素 131: 2.8 × 1015Bq
　　・セシウム 134 : 0.94 × 1015Bq
　　・セシウム 137: 0.94 × 1015Bq
○チェルノブイリ（IAEA 報告書 "STI/PUB/1239"（2006）より）
　　・全核種 : 14 × 1018Bq
　　・ヨウ素 131: 1.8 × 1018Bq
　　・セシウム 137: 85 × 1015Bq
　　・ストロンチウム 90: 10 × 1015Bq
　　・全プルトニウム : 3 × 1015Bq
　土壌汚染の状況（単位面積あたりの沈着量）（IAEA 報告書 "STI/PUB/1239"（2006）より）
　　・セシウム 137

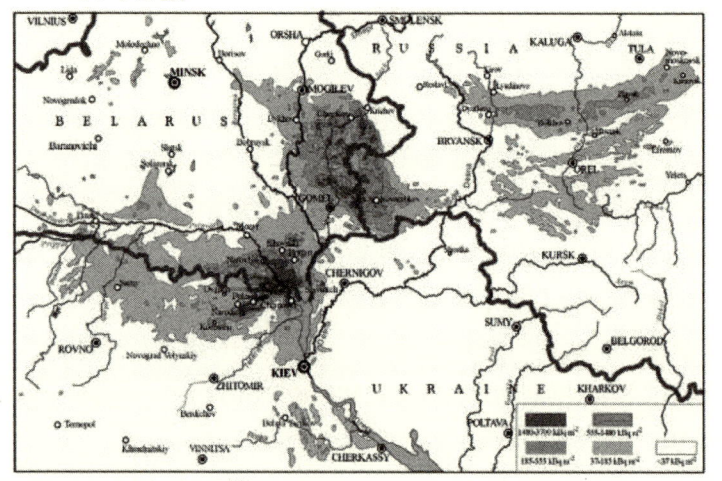

FIG. 3.6. Surface ground deposition of ^{137}Cs in areas of Belarus, the Russian Federation and Ukraine near the accident site [3.4].

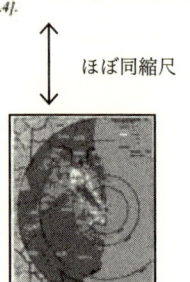

ほぼ同縮尺

2　日本の国家責任

(1)　条約違反

a)　ロンドン海洋投棄条約

　福島事故に関して、1972年ロンドン海洋投棄条約（1975年発効、日本は1980年に批准）の違反も主張されたが、この条約は、海上における船舶等からの投棄を対象とするものであり、陸上からの汚染物質の海洋流入（陸起因海洋汚染）は対象とはしていないため（第3条1項(a)）、本件には適用されない。

b)　国連海洋法条約の海洋汚染防止規定

　国連海洋法条約に定める海洋汚染防止・海洋環境保護義務違反については、慎重な考慮が要求される。この条約では、第192条において一般的な海洋環境保護義務を述べた後、第194条において海洋汚染防止義務を定め、第207条において陸起因海洋汚染防止義務について規定する。このうち特に問題となるのが、次にある第194条の1項と2項の規定である（下線筆者）。

第194条（海洋環境の汚染を防止し、軽減し及び規制するための措置）
　1　いずれの国も、あらゆる発生源からの海洋環境の汚染を防止し、軽減し及び規制するため、利用することができる<u>実行可能な最善の手段</u>を用い、かつ、<u>自国の能力に応じ</u>、単独で又は適当なときは共同して、この条約に適合する<u>すべての必要な措置</u>をとるものとし、また、この点に関して政策を調和させるよう努力する。
　2　いずれの国も、自国の管轄又は管理の下における活動が他の国及びその環境に対し汚染による損害を生じさせないように行

われること並びに自国の管轄又は管理の下における事件又は活動から生ずる汚染がこの条約に従って自国が主権的権利を行使する区域を越えて拡大しないことを確保するために<u>すべての必要な措置をとる</u>。

　第194条2項は、慣習国際法上の越境損害防止義務（自国領域から他国領域への損害発生を防止するという意味での）を規定するとともに、ストックホルム宣言にならい、その対象を公海等の国家管轄権外の区域への損害へと（もっとも公海等への汚染については、損害を発生させない場合でもその防止を義務づけている）、そして自国の物理的管理下の活動へと拡大したものである。それに対して、同条1項は、一般的な海洋汚染防止義務を規定したものであるが、2項と異なり、「実行可能な」限りかつ「自国の能力に応じ」て行うという表現が付加されている。両項とも「すべての必要な措置」をとる義務を課している点では同じであるが、「実行可能性」と「能力」とが考慮される分、1項の義務の方が緩やかである。これは、1項の義務が、たとえ汚染が他国や公海等に影響を与えない（したがってその影響が自国の領域的管轄権下の区域に留まる）場合をもその対象としている点を考えれば、納得が行く。1項と2項の両方とも、いわゆる「相当の注意」義務を規定したものであるが、その注意の相当性の判断に当たって、多少異なる考慮を要する点である。

　さて、今回の福島の事故では、他国や公海で損害が発生したとは現時点では確認されていないが、放射能による海洋汚染は発生したのであるから、1項違反が問題となるし、また海洋汚染が公海へ到達することもコンピューターシミュレーションで示されていることから、2項後段の違反も問題となる。もっともこの点、パルプ工場事件判決において、ICJは、ウルグアイ川規程が慣習国際法上の「相当の注意」義務を反映していると理解した上で、越境損害の発生や汚染発生の有

無とはかかわりなく、ウルグアイの「相当の注意」義務違反について審理している。この ICJ の論理に従えば、第 194 条の規定を慣習国際法上の「相当の注意」義務を反映したものとして理解し、実際の越境損害の発生や汚染発生の有無にかかわりなく、海洋汚染防止のための十分な体制を「相当の注意」をもって整備しておく義務の違反を問う余地が出て来よう。以下の分析においては、このような慣習国際法上の「相当の注意」義務（特に問題となるのは、汚染発生源を適切に管理する義務）に照らして、この第 194 条を解釈するという手法を取ることを、予めお断りしておく。

まず 1 項についてであるが、日本政府は、福島原発からの海洋放射能汚染を防止・軽減・規制するため、利用できる実行可能な最善の手段を用い、自国の能力に応じて、全ての必要な措置をとったと言えるであろうか。この点を、福島事故の事前防止の局面と事後対処の局面とに分けて考察する。

第一に、福島事故の事前防止の局面においては、日本政府による原発での地震・津波対策が十分なものであったかが問われねばならない。この点に関し、国会事故調報告書は、次の三点において、日本政府の対応の不備を指摘している。

第一点は、保安院が、東電の耐震補強工事を含む耐震安全性評価（耐震バックチェック）に関する東電の対応の遅れを認識していながら、それを黙認していたことである。同報告書は、「本事故直前の地震に対する耐力不足」との表題の下、次のように述べる。

> 平成 23（2011）年 3 月 11 日の東北地方太平洋沖地震発生時の福島第一原子力発電所（福島第一原発）は、大津波に耐えられないばかりでなく、強大で長時間の地震動にも耐えられるとは保証できない状態だった。1〜3 号機の設置許可申請がなされた昭和 40 年代前半は地震科学が未熟であり、敷地周辺の地震活動は低

いと考えられた。そのために、原発の耐震設計において安全機能保持を確認すべき地震動（揺れ）の最大加速度はわずか265Gal（Galは加速度の単位）で、耐震性能は著しく低かった。

　昭和56（1981）年に「発電用原子炉施設に関する耐震設計審査指針」が原子力安全委員会によって決定され、平成18（2006）年に大きく改訂された（新指針）。経済産業省原子力安全・保安院（保安院）は直ちに全国の原子力事業者に対して、新指針に照らした既設原発の耐震安全性評価（耐震バックチェック）の実施を求めた。東京電力株式会社（東電）は、平成20（2008）年3月に福島第一原発5号機の耐震バックチェック中間報告を提出し、耐震設計の基準地震動Ssを600Galとして、それに対して耐震安全性が確保されるとした。保安院はこれを妥当としたが、原子炉建屋のほかに耐震安全性を確認したのは、安全上重要な多数の機器・配管系のうち、わずか7設備にすぎなかった。1〜4号機と6号機についても平成21（2009）年に中間報告を提出したが、耐震安全性を確認した設備が極めて限定的だったのは5号機と同様である。

　東電は、これ以降、耐震バックチェックをほとんど進めていなかった。最終報告の期限を平成21（2009）年6月と届けていたにもかかわらず、社内では最終報告提出予定を平成28（2016）年1月に延ばしていた。さらに、評価の計算の途中結果等から、新指針に適合するためには多数の耐震補強工事が必要であることを把握していたにもかかわらず、1〜3号機については東北地方太平洋沖地震発生時点でもまったく工事を実施していなかったことが、本調査によって明らかになった。一方、保安院も耐震補強工事を含む耐震バックチェックを急ぐ必要性を認識していたが、東電の対応の遅れを黙認していた。

　第二点は、保安院が、東電の津波対策の遅れを認識していながら、

それを看過していたことである。同報告書は、「認識していながら対策を怠った津波リスク」との表題の下、次のように述べる。

　　福島第一原発は40年以上前の地震学の知識に基づいて建設された。その後の研究の進歩によって、建設時の想定を超える津波が起きる可能性が高いことや、その場合すぐに炉心損傷に至る脆弱性を持つことが、繰り返し指摘されていた。しかし、東電はこの危険性を軽視し、安全裕度のない不十分な対策にとどめていた。
　　平成18（2006）年の段階で福島第一原発の敷地の高さを超える津波が到来した場合に全交流電源喪失に至ること、土木学会手法による予測を上回る津波が到来した場合に海水ポンプが機能喪失し炉心損傷に至る危険があるという認識は、保安院と東電との間で共有されていた。
　　改善が進まなかった背景には少なくとも3つの問題がある。第一は、保安院が津波想定の見直し指示や審査を非公開で進めており、記録も残しておらず、外部には実態が分からなかったこと。第二は、津波の高さを評価する土木学会の手法の問題である。この手法は電力業界が深く関与した不透明な手続きで策定されたにもかかわらず、保安院はその内容を精査せず、津波対策の標準手法として用いてきた。第三としては、恣意的な確率論の解釈・使用の問題がある。東電は不公正な手続きで算出された低い津波発生頻度を根拠として、対策を施さないことを正当化しようとしていた。一方で津波の確率論的安全評価が技術的に不確実であるという理由で実施せず、対策の検討を先延ばしにしていた。
　　東電の対応の遅れは保安院も認識していたが、保安院は具体的な指示をせず、バックチェックの進捗状況も適切に管理監督していなかった。

第三点は、日本においては地震・津波といった外部事象に対するシビアアクシデント対策（SA対策）が行われてこなかったことである。同報告書は、「国際水準を無視したシビアアクシデント対策」との表題の下、次のように述べる。なお、この引用文中、共通懇とは共通問題懇談会の略で、電事連とは電気事業者連合会の略である。またバックフィットとは、既設炉にも最新基準への適合を義務づける制度のことである。

　　日本におけるシビアアクシデント対策（SA対策）はいずれも実効性に乏しいものであった。日本は自然災害大国であるにもかかわらず、地震や津波といった外部事象を想定せず、運転上のミスあるいは設計上のトラブルといった内部事象のみを想定したSA対策を行ってきた。
　　日本では、SA対策は検討開始当初より自主対策とされてきた。平成3（1991）年の原子力安全委員会の共通懇において「アクシデントマネジメント（AM）は原子炉設置者の『技術的能力』、いわゆる『知識ベース』に依拠するもので、現実の事態に直面しての臨機の処置も含む柔軟なものであって、安全規則によりその具体的内容が要求されるものではない」と明記されている。
　　自主対策では、規制要件上の工学的安全設備のように高い信頼性が、SA対策設備に求められない。そのため、従来の安全設備が機能できない事故時に必要なSA対策設備にもかかわらず、その安全設備よりも、そもそも耐力が低く、先にSA対策設備が機能を失う可能性が高いという矛盾を抱えた、実効性の乏しい対策となっていた。またその検討、整備も海外に比べて大きく遅れるものとなった。
　　事業者の自主的な対応であることは、事業者が電事連を通じて、規制当局に積極的に働きかけを行う余地を生じさせた。特に、海

外の動向を受けた平成 22（2010）年ごろからの規制当局の SA 規制化の流れに当たっては、積極的な働きかけを行ってきた。事業者から既成当局への折衝方針には、繰り返し、訴訟上問題とならないこと、及び既設炉の稼働率低下につながらぬようバックフィットが行われないことが挙げられている。このようにして確率は低いが壊滅的な事象をひき起こす事故シナリオへの対応がなされていなかったのである。

同報告書はまた、日本の SA 対策が IAEA の安全基準に全く追いついていなかったことも次のように指摘している。

　　IAEA は、原子力安全対策において、5 層の深層防護という考え方を提示している。第 1 ～ 3 層は炉心の損傷を防ぐまでの Prevention、第 4 層は炉心の深刻な損傷とその影響を緩和するための Mitigation、第 5 層は放射性物質の放出から住民を守るための Evacuation とされる。しかし、日本の規制は第 3 層までを対象としており、第 4 層の SA 対策はあくまで事業者の自主対応による「知識ベース」の対策とされている。

　　SA の起因事象としては、内部事象（機械故障、ヒューマンエラーなど）、外部事象（地震、津波、台風等）、人為的事象（テロ等）が考えられる。しかし、日本ではこれまで内部事象を対象とした SA 対策が主に検討され、外部事象、人為的事象に関しては対策が乏しかった。

　　また、第 1 ～ 3 層では起因事象に応じた個別の対策が可能であるが、炉心損傷に至った後の第 4 層や放射性物質放出後の第 5 層では、広範囲の起因事象を想定した SA 対策が求められる。しかし、これまで日本では過去や海外の知見から学び、広範な起因事象を想定した対策をとることができず、事故が起こるとその事故のみ

に対応するというパッチワーク的な対策に終始してきたため、アクシデント対策の範囲が狭いものとなった。

これらSA対策検討範囲の狭さが規制当局にも問題意識として認識されていたことは、以下のように当委員会での参考人発言からも見受けられるが、改善が行われる前に本事故を迎えた。

「そもそもSAを考えていなかったというのは大変な間違いだった。決定論的な考え方だけでなく確率論的な考え方とか色々なものを組み合わせて適切に考えなさいと国際的な安全基準はなっているが、全く追いついていない。ある意味では30年前の技術か何かで安全審査が行われているという実情がある」（班目春樹　原子力安全委員会委員長）

「色々な何かが起こる可能性があることについての備え、体制の問題あるいは安全基準の問題、色々な形、意味での備えが十分できていない中で事態が発生した」、「事態が発生した後の対応についても備えについて足りない点が多くあった。規制当局として大変問題があった」（寺坂信昭　前原子力安全・保安院長）

地震・津波といった外部事象に対するSA対策の不備は、政府事故調最終報告書でも指摘されているが、その背景として、技術的問題（確立した外的事象PSA（確率論的安全評価）は地震PSAのみであったこと）の他に、地元住民の不安感を助長させたくなかったことが次のように述べられている。なお、この引用文中、PSRとは、定期安全レビューのことである。

寺坂信昭原子力安全・保安院長は、当委員会のヒアリングにおいて、「シビアアクシデントの対策の地元への説明はつらい。絶対安全という言葉はある種の禁句で絶対に使えないのだが、安全か安全でないかといえば、当然安全だと判断をしてきている。そ

こにPSAとかPSRのような確率的な評価でいくばくかのリスクが存在するという説明は、特に地元との関係では非常に苦しい。原子力に理解のある方からも、一所懸命、原子力の安全はしっかり進めていくという説明だったのに、なぜそのような問題点が残っているかのようなことを言うのか、という批判を受ける。まして、批判的な人は当然、話が違う、安全と言っていたのに安全ではない要素があるなら、そこの対策はどうするのか、という議論になってしまう。その場合は、このような理由で安全だと説明するが、腹を割った議論にはずっとならないままだった。その後、例えば耐震指針でも残余のリスクや確率論の話などがようやくやれる空気になり始めたという感じが出てきたが、まだ正面から議論するということは難しいと思う。また、確率の議論はなかなか社会的には難しい。まさに今回の事故がそうだが、確率10^{-7}といっても、一般的に見れば感覚的に単に起こるか起こらないかという、確率$1/2$である。確率10^{-7}という数字をどう活用し、どうワークさせていくのかは、ようやく議論が可能になりかかってきた時期だと思うが、いずれにしてもそのような様々な角度からの議論は、現実的には十分ないままに、進んできた」旨述べている。

以上指摘された日本政府の不備な対応三点のうち、第一点目の東電による耐震バックチェックの遅れの黙認については、政府事故調最終報告書が、1～3号機の圧力容器又はその周辺部には、地震発生直後から津波到達までの間、その閉じ込め機能が損なわれるような損傷が生じた可能性は否定されると判断していることから、今回の事故の直接原因ではなかった可能性がある。また第三点目の、日本の地震・津波に対するシビアアクシデント対策の不備については、日本の能力の欠如（確立した外的事象PSAは地震PSAのみであったこと）の他に、実行可能性の欠如（地元住民の反対を原発安全神話によって抑え込む必要性

があった）からの反論があり得るかもしれない。しかしながら、第二点目の、東電の津波対策の遅れを認識していながらそれを看過していたことについては、実行可能性や能力の欠如を理由とした言い訳は通用しないであろう。少なくともこの点から見て、第194条1項の違反が導かれ得ると考えられる。

　第二に、福島事故の事後対処の局面について。この点に関して、国会事故調報告書も政府事故調最終報告書も、当時の菅総理を中心とする官邸政治家による現場への過剰介入が事故処理を混乱させたと非難している。その非難の当否はさておき、そのような過剰介入が放射能汚染の拡大につながった事実は確認されないため、その点はここでは問題とはしない。（菅総理の意向を受けて東電の武黒フェローが現場の吉田所長に海水注入中止を指示したが、吉田所長は海水注入中止を宣言しつつ実際には海水注入を続けていた。また国会事故調報告書は、菅総理の現地視察によって、福島第一原発側の事故対応において、具体的に何らかの支障が生じた事実は認められないとする。）また、海江田経産大臣の命令で1号機のベントが行われた結果、放射能が大気中に放出されたが（大気中の放射能は一部海洋へ落ちている）、このベントは原子炉の爆発を防ぐためのやむを得ない措置として一般に認められているものであり、次に見る緊急状態という違法性阻却事由を持ち出すまでもなく、国際法上も問題は生じない。問題は、高濃度放射能汚染水の海洋流出を防げなかったことと、低濃度放射能汚染水を意図的に海洋に放出したことである。（汚染水浄化処理施設からも放射能汚染水が海洋に漏出しているが、比較的少量・低濃度であるのでここでは問題としない。）

　まず、高濃度放射能汚染水の海洋流出に関してであるが、政府事故調中間報告書によれば、その流出の経緯は以下の通りであった。なお、以下の引用文中、「ピット」とは電源ケーブルを収めた保守管理用の穴のこと、「T/B」とはタービン建屋のこと、「RW/B」とは廃棄物処理建屋のことである。

4月2日10時頃、空間線量を測定中であった作業員が、2号機取水口付近の電源ケーブルを収めているピット内に表面線量が1,000mSv/hを超える高濃度の汚染水が滞留していること及びそのピットの脇のコンクリートに亀裂があり、その亀裂から海洋に高濃度汚染水が流出していることを発見した。

　東京電力は、当初、この流出源はピット内の汚染水と考え、4月2日から翌3日にかけて、ピットへのコンクリート注入、吸水性ポリマーの投入等を行ったが、流出を止められなかった。そこで、東京電力は、流出が止まらない要因は、流出ルートがピット及びこれにつながる電線管路ではなく、それらの下の砕石層である可能性が高いと考え、同月5日13時50分から、この砕石層に水ガラスを注入するなどした結果、翌6日5時38分、流出が停止したことを確認した。

　4月21日、東京電力は、この汚染水の流出事故について、推定流出量等を公表するとともに、汚染水の拡散抑制及び流出防止に対する対応策について言及した。

（注）4月1日16時10分頃、バースクリーン海側一帯（高濃度汚染水の流入が発見されたピットの近傍を含む。）の空間線量率を測定した際、空間線量率は1.5〜4.5mSv/hであり、翌2日9時30分頃に同じエリアの空間線量率を測定した際は、5.5〜30mSv/hであったことから、東京電力は、高濃度汚染水の流出の影響で空間線量率が上がったものと判断した。これを前提とすると、ピットへの高濃度汚染水の流入及びスクリーンエリアへの流出は、この間に開始した又は急増したと認められる。

（注）4月2日16時25分、東京電力は、流出元と想定されたピット（以下「下流ピット」という。）の一つ上流のピット（以下「上流ピッ

ト」という。)へコンクリートの注入を開始し、19時2分、下流ピットへのコンクリートの注入も開始した。このとき、下流ピットと上流ピットの間には電源ケーブルが通っており、また、両ピット内にはがれきが入っていたが、汚染水が非常に高濃度であったため、電源ケーブルやがれきを除去しないままピット内にコンクリートを注入した。

(注) 東京電力は、コンクリート注入によっても流出が止まらない原因は、電線管路内や、ピット内のがれきの隙間にコンクリートが浸透せず、そこを汚染水が流れ続けているためであり、そこを塞ぐ必要があると考えた。しかし、その段階では既に、ピット上部はコンクリートで塞がれ、その下のがれきの隙間を埋めることは困難であったため、電線管路を塞ぐこととし、4月3日13時47分から、上流ピットの更に上流に穴をあけ、高分子吸水ポリマー、おがくず及び新聞紙を投入した。しかし、流出は依然として止まらなかった。

(注) その中で、流出した汚染水の放射性物質量は、ヨウ素131が $5.4 \times 10^6 Bq/cm^3$、セシウム134が $1.8 \times 10^6 Bq/cm^3$、セシウム137が $1.8 \times 10^6 Bq/cm^3$ と、総流出量は、520m^3 と推定した。また、流出源は、2号機T/Bの汚染水と認めた。

(注) 拡散抑制策としては、2号機スクリーンへの鉄板の設置、港湾へのシルトフェンス設置、放射性物質吸着剤を入れた土嚢を1号機から4号機のスクリーン室前面に投入し放射性物質の吸着を図る等の措置を、流出防止策としては、高濃度汚染水を集中RW/Bへ移送し、厳格に管理・貯蔵する、トレンチと建屋を遮断する、汚染水の除染・塩分処理を行うための水処理施設を整備する等の措置を掲げた。環境への影響の調査についても言及しており、沿岸・沖合における海水モニタリングの採取地点を増やす等の措置を掲げた。

1号機から3号機の原子炉への注水が続けられる中、東京電力は、5月11日10時30分、3号機取水口付近の電源ケーブルを収めているピット内に水が流入していることを発見した。更に精査したところ、同日14時、海に通ずるスクリーンエリアへの漏水音を確認し、16時5分、CCDカメラによりピット側面からスクリーンエリアへの水の流出を確認した。

　東京電力は、この流出水が、4月2日に発見された2号機取水口付近の流出水と同様に、T/Bから流出してきたものであって、高い放射線量を有すると考えたため、流出を止めるべく、同日17時30分から順次、ピットにつながる電線管路内のケーブルの撤去作業、ウエス（布屑）による電線管路の閉塞、ピット内へのコンクリート注入を行い、18時40分、これらを完了し、18時45分、流出の停止を確認した。

　この3号機取水口付近の高濃度汚染水の流出事故に関して、5月11日、保安院は、東京電力に対し、海洋への影響、流入流出経路等を確認し報告するよう指示した。東京電力は、これを受け、海洋への影響及び流入流出経路に加え、再発防止及び拡散防止の各対策も含めた報告書「福島第一原子力発電所第3号機取水口付近からの放射性物質を含む水の外部への流出への対応について」を取りまとめ、同月20日、保安院に提出した。

　（注）この中で、流出した汚染水の放射性物質濃度は、ヨウ素131が $3.4 \times 10^3 Bq/cm^3$、セシウム134が $3.7 \times 10^4 Bq/cm^3$、セシウム137が $3.9 \times 10^4 Bq/cm^3$、総流出量は約 $250m^3$ と推定した。また、汚染水の流出開始時刻は、流出確認時点前後の3号機立坑内の水位の上昇の期間と下降の期間を最小二乗法により相関を求め、上昇と下降の分岐点である5月10日2時頃と

推定した。さらに、流出源は 3 号機 T/B の汚染水と判断した。
（注）この流出事件を受け、5 月 23 日、保安院は、東京電力に対し、漏えい防止対策工事の計画の策定や海水モニタリングの実施等を指示した。この指示を受け、東京電力は、6 月 1 日、「福島第一原子力発電所における高濃度の放射性物質を含む水の外部への流出防止計画について」を保安院に報告した。さらに、翌 2 日、建屋内滞留水の現状、滞留水の保管及び処理の状況、[同報告書の] 後記 (2) a において述べる工程表に記載した循環注水冷却により高濃度汚染水を処理する計画であること等を取りまとめ、「福島第一原子力発電所における高濃度の放射性物質を含む水の保管・処理に関する計画について」として保安院に報告した。

以上のような経緯に鑑みるに、4 月 2 日に 2 号機からの高濃度放射能汚染水の海洋流出があった時点で、保安院が適切な再発防止策の策定を東電に命じていれば、5 月 11 日の 3 号機からの同様の流出は防げた可能性がある。しかしながら、4 月 2 日の時点では、高濃度放射能汚染水の移送が焦眉の課題であり、そこまでの対処を求めるのは酷であるとの配慮が働いていたのかもしれない。「実行可能性」や「能力」という観点から見て、日本政府による高濃度放射能汚染水の海洋流出防止対策が不十分であったと断ずることには、躊躇を感じる所である。

次に、低濃度放射能汚染水の意図的な海洋放出について。政府事故調中間報告書によれば、その経緯は以下の通りであった（下線筆者）。

吉田所長は、4 月 4 日 9 時から開催されたテレビ会議システムによる統合本部の会議において、3 号機立坑内の汚染水の水位が上昇し、その原因は集中 RW/B の水の 4 号機 T/B への移送と認められるため、移送を中止したが、早急に代わりの貯蔵スペース

を決める必要がある旨述べた。また、これとは別に、5号機及び6号機のサブドレン水を排水できないために、5号機及び6号機の建屋内に地下水が浸水してきた可能性が高い［同報告書の］（前記 a（b）参照）、そのままでは重要な電気機器が浸水により健全性を失うおそれがあることを報告した。そして、これらの問題について、統合本部において早急に対応策を決定してもらいたい旨述べた。

　これを受け、統合本部会議終了後の同日 10 時頃から、東京電力本店において、保安院、安全委員会及び東京電力の職員は、集中 RW/B の水及び 5 号機及び 6 号機のサブドレン水を海洋へ放出するために必要な手続上の事務作業を開始した。

（注）東京電力は、核原料物質、核燃料物質及び原子炉の規制に関する法律の第 64 条第 1 項の規定に基づく「応急の措置」として海洋放出を実施することとした。同規定によれば、「原子力事業者等」は、核燃料物質等による災害が発生した場合等には、直ちに応急の措置を講じなければならないが、経済産業大臣等は、核燃料物質等による災害を防止するため緊急の必要があると認めるときは、同法第 64 条第 3 項の規定に基づき、原子力事業者等に対し、「必要な措置」を講ずることを命ずることができる。そこで、保安院は、海洋放出を中止するよう命じるかどうかを判断するため、事前に、同法第 67 条第 1 項の規定に基づき、東京電力に対して海洋放出についての報告を指示することとした。また、保安院は、同法第 72 条の 3 第 2 項の規定に基づき、その報告について、安全委員会に対して報告するとともに、東京電力から受けた報告を評価するため、安全委員会の助言を求めることとし、本文の各作業を行ったものである。

具体的には、東京電力から経済産業省（保安院）への報告書、経済産業省（保安院）からの助言依頼に対する安全委員会の助言、東京電力の報告書に対する保安院の評価書等の作成作業が進められた。これらの作業は、東京電力本店内の同じ部屋の中で行われ、作成中の案は随時その部屋内で共有・修正された。

東京電力及び保安院は、各書類の作成作業とともに菅総理、枝野官房長官及び海江田万里経済産業大臣（以下「海江田経産大臣」という。）への説明を行い、同日15時までにこの3人の了解を得た。そして、同日15時に、経済産業省（保安院）から東京電力に対する報告要請、東京電力から経済産業省（保安院）への報告並びに経済産業省（保安院）から安全委員会への報告及び助言要請が、いずれも同時になされたこととし、同日15時20分に、安全委員会から経済産業省（保安院）へ助言がなされ、これを踏まえ、保安院は、東京電力による海洋放出の実施について、大きな危険を回避するためにやむを得ないものと評価した。これにより、海洋放出の実施のための手続上の事務作業が完了した。

（注）東京電力は、この報告の中で、海洋放出による人体への影響について、放出された放射性物質を取り込んだ魚や海藻等を毎日食べ続けた場合の成人の実効線量は、約0.6mSv/年であるとし、一般公衆の線量限度1mSv/年と同程度であるため、直ちに安全上の問題となるものではないと評価した。

上の経緯から、低濃度放射能汚染水の海洋放出を決定・実行したのは東電であるが、日本政府の具体的な指示・了解の下で行われており、国家の指示・指揮・支配の下に行動していたものとして、その行為は直接日本に帰属することが理解される。また、その海洋放出は、「大

きな危険を回避するためにやむを得ないもの」と日本政府によって評価されていたことも理解される。この後者の点は、その海洋放出は「緊急状態」として国際法上の違法性が阻却されると日本政府が考えていたことを示唆しているように思われる。この緊急状態の議論については、後で詳しく検討することにして、ここでは、日本政府による低濃度汚染水の意図的な海洋放出が、利用できる実行可能な最善の手段を用い、かつ自国の能力に応じ、放射能による海洋汚染の防止に必要な全ての措置をとったにもかかわらず行わざるを得なくなったものであったかどうかを検討することにする。この点、国会事故調報告書は次のように述べる。

　　　東電が汚染水処理の問題について本格的に対策を行ったのは、3月24日のベータ線熱傷事故以降である。しかし、発災直後から淡水、海水の原子炉への注入を行っており、燃料の損傷も3月12日には認識されていることから、大量の汚染水が発生し、処理の必要性が生じることは、当初より予測可能であった。仮に汚染水の処理方法についても発災直後から十分な検討、対策が行われていれば、汚染水の海洋放水を余儀なくされる事態を回避できた可能性は十分に考えられる。

　上の記述は東電の過失を非難したものであるが、3月15日の統合対策本部設置以降は、政府・東電一体の意思決定がなされており、東電に対する非難はそのまま政府に対する非難につながる。したがって、日本政府の過失も当然認められることになる。
　これまで、国連海洋条約第194条1項違反について詳しく検討してきたが、結論として、原発での津波対策の不十分さ――そしてその結果発生した高濃度放射能汚染水の海洋流出――と低濃度放射能汚染水の意図的な海洋放出とにより、日本は同項に違反したとの判断が導か

れた。他方、同条2項後段が定める、公海等の国家管轄権外の区域へ汚染が拡大しないよう確保する義務の違反についてはどうであろうか。この点は、高濃度汚染水の拡散抑制のために日本が全ての必要な措置をとったかどうかの判断に関わる。これまでにとられてきた拡散抑制措置は、政府事故調中間報告書及び最終報告書によれば、原発スクリーンへの鉄板の設置、港湾へのシルトフェンス（汚濁水拡散防止フェンス）の設置、放射性物質吸着剤を入れた土嚢の投入、港湾における鋼管矢板の設置、地下水への滞留水の流入管理、既設護岸の前面における遮水壁の設置、取水路前面エリアの海底土をベントナイトにセメントを添加した固化土により被覆すること、等であり、また2012年秋頃から海底土の浚渫を実施する予定とされている。また東電発表によれば、2011年6月から、2号機3号機取水口付近シルトフェンス内側のスクリーンエリアに循環型海水浄化装置（ゼオライトという鉱物をフィルターに使って放射性セシウムを吸着させる）を稼動させているという。原発エンジニアでない私には、これらの措置の他に取るべき措置があるかどうかは判断しかねるが、少なくとも、汚染拡大防止義務の明白な違反は認められないように思われる。

c) 原子力安全条約と使用済燃料・放射性廃棄物管理安全条約

　上で述べた所で明らかとなった、日本政府による原発での津波対策の不十分さから、原子力安全条約と使用済燃料・放射性廃棄物管理安全条約の違反も容易に導かれ得るように思われるかもしれないが、事はそう簡単ではない。

　まず原子力安全条約について言えば、この条約は、福島第一原発のように条約発効前に建てられた原発（最新の6号機でさえ1979年に運転開始）には、「原子力施設の安全について可能な限り速やかに検討が行われることを確保するため、適当な措置をとる」ことしか義務づけていない（第6条1文、下線筆者）。但し「この条約により必要な場合」

(when necessary in the context of this Convention) は別である。

確かにこの条約では、「原子力施設の設計及び建設に当たり、事故の発生を防止し及び事故が発生した場合における放射線による影響を緩和するため、放射性物質の放出に対する信頼し得る多重の段階及び方法による防護（深層防護）が講じられること」（第18条 i ））、並びに「事故及び運転上予想される安全上の事象に対応するための手続が定められること」（第19条 iv ））、が規定されているが、どのような程度・内容の深層防護や事故対応手続を定めるかは各国に任されている。したがって、深層防護や事故対応手続が全く定められていない場合は別として（その場合は「原子力施設の安全性を向上させるためにすべての合理的に実行可能な改善のための措置が<u>緊急に</u>とられることを確保するため、適当な措置をとる」義務が生じる（第6条2文、下線筆者））、不十分な津波対策しかとられていないからといって、この条約の違反には直ちにはつながらない。

また、とられるべき「適当な措置」（第6条1文）は、原文では appropriate steps であり、appropriate measures ではない。この表現により、これは厳格な措置をとることを義務づけたものではなく、望ましい方向へと一歩踏み出すことを要請しているだけとのニュアンスが醸し出されることになる。

なお、「規制機関の独立性」に関する第8条2項が、

> 「締約国は、規制機関の任務と原子力の利用又はその促進に関することをつかさどるその他の機関又は組織の任務との間の効果的な分離を確保するため、適当な措置をとる。」

と規定している関係で、日本によるこの条項の違反が問題とされるかもしれない。実際、我が国において、原子力規制を担当する保安院が原子力推進を担う経済産業省の下にあるのは、その独立性に疑義を抱

かせるものであるとの批判が生じ、独立性の高い「原子力規制委員会」が発足する運びとなった。しかしながら、2007 年に日本へ派遣された IAEA の統合的規制審査サービス（Integrated Regulatory Review Service: IRRS）は、次のように、保安院の独立性に何ら疑義はないとのお墨付きを与えていたのである（下線筆者）。

> 「原子力安全・保安院は、経済産業省内の資源エネルギー庁に付属する特別の機関として、2001 年に法律によって設置された。経済産業省及び資源エネルギー庁は、エネルギー政策の策定及び原子力の促進にも携わっている。原子力安全・保安院は、経済産業大臣から規制機関としての責任を委任されており、その委任された責任を遂行している。大臣は、安全と促進の間で矛盾が生じた場合、法律に従って安全を優先することになる。経済産業省はそのような優先順位に基づいて国家戦略計画を定めている。<u>原子力安全・保安院は実効的に資源エネルギー庁から独立しており、これは GS-R-1 の要件に一致している。</u>」

確かに 8 条 2 項は、「効果的な分離を確保するため適当な措置をとる」と述べるのみであり、また上記で引用されている IAEA 安全基準の GS-R-1 も、「規制機関は実効的に独立していなければならない」と述べるのみである。しかし、「安全指針」のカテゴリーに分類される 2002 年「原子力施設規制機関の組織と人員」では、「規制機関の独立性」に関するより詳細な規定をおいており、規制機関の財政的・人的独立性も要求している。本ミッション報告書には、その点に関する検討が欠落していたと言わざるを得ないのであるが、これは IAEA という国際機関の落ち度であって、日本政府の落ち度ではない。したがって、日本による 8 条 2 項違反を問うこともまた、困難であろう。

それでは、使用済燃料・放射性廃棄物管理安全条約の方はどうであ

ろうか。この条約は、既存の放射性廃棄物管理施設（第12条）については「<u>相当な期間内に適当な措置をとる</u>」（下線筆者）ことしか義務づけていないが、福島事故で問題となったような、既存の使用済燃料管理施設（第5条）については、「相当な期間内に」という義務緩和表現は存在しない。また「<u>当該施設の安全性を向上させるために必要な場合には</u>すべての合理的に実行可能な改善が行われることを確保するため、適当な措置をとる」（下線筆者）と規定しており、原子力安全条約のように「この条約により必要な場合には」という限定表現は用いられていない。しかし、原子力安全条約のように、必要な場合には措置が「緊急に」とられることを要求する所までは行っていない。また、原子力安全条約同様、「適当な措置」には appropriate steps という表現が用いられており、厳格な措置を義務づけるものとは解し難い。したがって、日本政府が東電による津波対策の遅れを看過していたとしても、直ちにこの条約の違反とすることは困難なように思われるのである。

なお、この条約では、「放射性物質の環境への計画されておらず又は制御されていない放出」の防止・緩和措置をとる管轄国の義務が明記されており（第24条1項(iii)及び3項）、原子力安全条約よりも一歩進んだものとなっている。しかしながら、ここでもとるべき「適当な措置」には appropriate steps という表現が用いられている。したがって、津波対策の文脈で、日本がこの規定に違反したと断じることは困難なように思われる。もっとも、この条文（以下に抜粋）は、低濃度放射能汚染水の意図的な海洋放出の際にも問題となっていた。

第24条　使用に際しての放射線防護

1　締約国は、使用済燃料管理施設及び放射性廃棄物管理施設の使用期間中次のことを確保するため、適当な措置をとる。

(iii)　放射性物質の環境への計画されておらず又は制御されて

いない放出を防止するための措置をとること。
3　締約国は、規制された原子力施設の使用期間中、放射性物質の環境への計画されておらず又は制御されていない放出が発生した場合には、その放出を制御し及びその影響を緩和するための適当な是正措置がとられることを確保するため、適当な措置をとる。

この点、政府事故調中間報告書は、次のように述べる。

> 同放出は、規制当局の意見をも踏まえ、法令上の措置として行われているので、使用済燃料管理及び放射性廃棄物管理の安全に関する条約第24条第3項（放射性物質の環境への放出が発生した場合において適当な是正措置を講ずる義務）の違反にも当たらないと考えられる。

この文章の意図はあまり明確ではないが、低濃度放射能汚染水の海洋放出は、「放射性物質の環境への制御されていない放出」をもたらす高濃度放射能汚染水の影響を緩和するための「是正措置」であり、それは規制当局の意見をも踏まえ法令上の措置として行われているので、「適当な」措置であるという趣旨と理解することができよう。確かにこのように解すれば、第24条3項違反は回避され得る。他方、第24条1項（ⅲ）については、低濃度放射能汚染水の海洋放出は意図的なものであって、「放射性物質の環境への計画されておらず又は制御されていない放出」には当たらないと解することが可能である。したがって、低濃度放射能汚染水の意図的な海洋放出が第24条1項（ⅲ）及び3項の違反であると断じることもまた、困難なように思われる。

d)　原子力事故早期通報条約と国連海洋法条約の通報規定

福島事故の際、低濃度放射能汚染水の意図的な海洋放出と並んで、最も国際的に非難されたのは、それに関する各国への通報が遅れたことであった。政府事故調中間報告書によれば、その事情は以下の通りであった。なお、以下の引用文中、ERCとは経済産業省緊急時対応センターのことである。

　東京電力は、4月4日、保安院の了解を経て、比較的汚染度の低い滞留水を海洋に放出することとしたが、その放出に必要な手続上の事務作業に関与した保安院の職員の中で関係諸外国へ通報することの必要性を認識、指摘した者はなく、決定後の同日16時3分に始まった官房長官定例記者会見を見ていた保安院職員の一人が、通報の必要性に気づいてERCに出向き、前記海洋放出に関する資料を入手し、同日17時46分、IAEAに対し、海洋放出の実施について電子メールで連絡した。

　また、同日15時30分過ぎ、統合本部にいた外務省職員が、東京電力が汚染水の海洋放出を実施する予定であるという情報を入手して外務省関係部局に連絡し、その情報が同日16時開始の定例ブリーフィングを行っていた外務省説明担当職員の携帯電話メールに送られたため、そのブリーフィングの中でその情報が各国の外交官に伝えられた。実際の集中廃棄物処理施設内の低濃度汚染水の放出は、同日19時3分に開始されたところ、外務省は、統合本部にいた同省職員から、海洋放出の実施予定について連絡を受け、全外交団に対し、電子メール及びFAXで、同日中に放出が開始される旨を伝えた。しかし、同日中に放出が開始される旨の連絡がなされたのは同日19時5分であり、海洋放出開始後の連絡となった。

　外務省及び保安院は、同月5日、16時からの定例ブリーフィング（47か国、2国際機関出席）において、改めて汚染水の海洋放

出の経緯やその影響について説明を行い、また、外務省は、翌6日、在京の韓国、中国及びロシアの各大使館に対して、海洋放出の経緯やその影響についての説明をした。

　保安院は、4月4日に実施した低濃度汚染水海洋放出の人への影響について、全実効線量が年間0.6mSvと評価した上、実用炉則及び実用炉告示［本報告書の］（前記4(1)c）で定められた線量限度である年間1mSvを下回っていることから人の健康への有意な影響はないと判断した。放出を開始した翌日の5日、保安院は、外務省に対し前記海洋放出についての条約適合性を照会したところ、同省から、同放出が原子力事故の早期通報に関する条約第2条が規定する通報を要する場合に該当しない旨の回答を受けた。

（注）なお、この汚染水の海洋放出について外務省は、当委員会に対しても、「原子力事故の早期通報に関する条約第1条の規定（「他国に対し放射線安全に関する影響を及ぼし得るような国境を超える放出をもたらしており又はもたらすおそれがある」）に従って、同条約第2条に規定をする通報を要する場合には該当しない」と回答した。

　なお、海洋法に関する国際連合条約第198条の通報義務に関しては、外務省は、「同放出は、海洋法に関する国際連合条約第198条に規定する『海洋環境が汚染により損害を受ける差し迫った危険がある』として同条に基づく関係国等への通報を行う場合には該当しない」とし、同条約が規定する通報を要する場合にも該当しないとしている。

（注）同省の当委員会の照会に対する回答による。なお、同放出は、

規制当局の意見をも踏まえ、法令上の措置として行われているので、使用済燃料管理及び放射性廃棄物管理の安全に関する条約第24条第3項（放射性物質の環境への放出が発生した場合において適当な是正措置を講ずる義務）の違反にも当たらないと考えられる。

しかし、およそ何らの通報をする必要がないという立場ではなく、松本剛明外務大臣は、4月13日、衆議院外務委員会において、「もう少し丁寧でかつ事前の説明があってもよいのではないか、こういう問題提起を（他国から）受けているということは真摯に受けとめて、以後、その点についてはしっかり改善をしていきたい。」との認識を示している。条約上の通報義務はないとしても、前記放出に当たっては、条理上、我が国周辺の関係国への事前通報が必要であったと認められる。

なお、他国においても、いくら低濃度であるとは言え、事前の通知や協議もなしに実行することには賛同できず、我が国が同放出の前に隣国へ理解を求めるべきであった旨の声がある。

上記から分かるように、外務省は、低濃度放射能汚染水の海洋放出は、原子力事故早期通報条約第1条に言う「他国に対し放射線安全に関する（重大な）影響を及ぼし得るような国境を超える放出をもたらしており又はもたらすおそれがある」ものでもないし、また国連海洋法条約第198条に言う「海洋環境が汚染により損害を受ける差し迫った危険」をもたらすものでもないため、日本は両条約の下での通報義務を負わないとしている。

この点、保安院は、低濃度放射能汚染水の全実効線量が年間0.6mSvであって年間1mSvを下回っているため人の健康への有意な影響はないとしている。また、放出した低濃度汚染水の放射能量は、2号機の

高濃度汚染水に換算して 10 〜 100 リットル分程度に過ぎないとも言われている。しかしながら、放出量は、集中廃棄物処理建屋（RW/B）から 9070 トン、5 号機 6 号機から 1323 トン、計 1 万 393 トンに上り、放射能の総量は 1500 億ベクレルにも上る。また放射能濃度は、原子炉等規制法が定める海水での濃度基準の約 100 倍にあたるとされている。原子炉等規制法が定める海水の放射能濃度基準を超えている段階で、健康への有意な影響ありと考えるのが常識的であろう。（もしそれで健康への有意な影響がないなら、原子炉等規制法の基準がどうしてこのように 100 倍も高く定められたのか説明がつかない。）また、既に高濃度汚染水が、2 号機から約 520m^3 流出しており、後に 3 号機から約 250m^3 流出するに至ったことに鑑みれば、低濃度汚染水単独ではそれほど悪影響をもたらさないとしても、それにより高濃度汚染水による悪影響が増幅される可能性は、排除できないようにも思われる。その上、海洋生物学者からは、生物濃縮の可能性も指摘されている。さらに、海水以外の外部環境からの被曝を加算すれば、年間 1mSv の敷居を上回る場合も当然出てこよう。私は放射線分野の専門家ではないので、この点に関して確定的な意見を述べることはできないが、低濃度汚染水の海洋放出による人体への有意な影響がないとは断言できないと考える。

　とは言え、人体への有意な影響があるかどうかという問題と、「他国に対し放射線安全に関する（重大な）影響を及ぼし得るような国境を超える放出をもたらしており又はもたらすおそれがある」か、また「海洋環境が汚染により損害を受ける差し迫った危険」があるか、という問題とは、分けて考える必要がある。低濃度汚染水の海洋放出が、中国、韓国、ロシアその他の周辺国から遠く離れた太平洋側で行われたことに鑑みれば、他国に対して放射線安全に関する（重大な）影響は生じないと判断したことには、それなりの理由があろう。また、低レベル放射能は徐々に影響を与えるものであることに鑑みるならば、

「海洋環境が汚染により損害を受ける差し迫った危険」はないと判断したとしても、それほど不合理とは思われない。したがって、両条約の下での通報義務は日本には生じないとする外務省の見解は、国際法的には筋が通ったものと認められる。「他国に対する放射線に関する（重大な）影響」や「海洋環境が汚染により損害を受ける差し迫った危険」といった概念は、非常に曖昧なものであり、その判断は、第一義的には当該国自身に委ねられているのである。もっとも、政府事故調中間報告書が指摘するように、他国の懸念に配慮して、事前に丁寧な説明をする努力は必要であったと思われる。

e) 生物多様性条約

最後に、福島事故で特に問題とされたとは聞いていないが、問題となる可能性がある条約として、1992年生物多様性条約（1993年発効、日本は同年受諾）を取り上げることにする。この条約では、次のように、第14条1項（d）において通報義務と危険・損害の防止・最小化義務とを規定している。

第14条　影響の評価及び悪影響の最小化
　1　締約国は、可能な限り、かつ、適当な場合には、次のことを行う。
　　（d）　自国の管轄又は管理の下で生ずる急迫した又は重大な危険又は損害が他国の管轄の下にある区域又はいずれの国の管轄にも属さない区域における生物の多様性に及ぶ場合には、このような危険又は損害を受ける可能性のある国に直ちに通報すること及びこのような危険又は損害を防止し又は最小にするための行動を開始すること。

ここで規定された通報義務には、「可能な限り、かつ適当な場合には」という限定句がついており、それほど厳格な義務とは考えられて

いない。ただ、国連海洋法条約第198条が「損害を受ける差し迫った危険」と規定するのとは異なり、「急迫した又は重大な危険又は損害」という表現を用いており、危険や損害が差し迫っていなくても重大であれば、その危険や損害の通報を義務づけている。したがって、徐々に影響を及ぼす低レベル放射能汚染であっても、その影響により重大な危険又は損害が生物多様性に及ぼされる場合には、日本には通報義務が課されることになる。生物多様性に対する重大な危険又は損害の発生の可能性が、今回の低濃度汚染水放出に関して特に問題になったとは聞いていないが、海洋生物学者からこの点に関して問題が提起されるようなら、この通報義務の違反が問題となる余地はあろう。

(2) 慣習国際法違反

慣習国際法上は、チェルノブイリ原発事故同様、越境損害防止義務と早期通報義務の違反が問題となる。しかしながら、海洋放射能汚染による越境損害を防止する義務については、前述のように国連海洋法条約第194条に具体化されている。また、早期通報義務についても、原子力事故早期通報条約や国連海洋法条約上の通報義務によって具体化されている。したがって、これらの場合は、慣習国際法的視点から独自の論点が提起されるものではない。他方、放射能による越境大気汚染や放射能を帯びた瓦礫の漂着による他国沿岸の汚染によって他国に損害が生じた場合には、慣習国際法上の越境損害防止義務の違反が独自に問題となり得る。その場合、原発での津波対策の不十分さにより日本の「相当の注意」の欠如は示されているわけであり、日本としては越境損害防止義務違反による国家責任を負うことになる。（低濃度放射能汚染水の意図的放出についても日本の「相当の注意」の欠如が示されるが、こちらの影響は軽微である可能性が高い。）

なお、国連海洋法条約第235条は、海洋環境保護義務の履行に関連して国家が国際法に従い賠償責任を負うことを明らかにし（1項）、自

国管轄下の私人が海洋汚染を発生させた場合に補償その他の救済手段を整備する国家の義務(2項)と、賠償責任に関する現行国際法の実施・発展に協力する国家の義務(3項)とを規定している。ここでは、何が「国際法に従った賠償責任」か、また何が「賠償責任に関する現行国際法」か、についての定めはない。したがって、その内容は、既存の慣習国際法に従って決定されることになる。

　従来、慣習国際法上は、越境損害の発生があって初めて、越境損害防止義務の違反が問われることになっていた。しかしながら、既に述べたように、パルプ工場事件判決において、ICJ は、ウルグアイ川規程が慣習国際法上の「相当の注意」義務を反映していると理解した上で、越境損害の発生や汚染の発生の有無とはかかわりなく、ウルグアイの「相当の注意」義務違反について審理している。したがって、越境損害が実際に発生していなくとも、慣習国際法上の越境損害防止義務の違反が問われ得ることになる。(この場合は、「越境損害がもたらされるおそれのある事態の発生を防止するために『相当の注意』を払う義務」として、越境損害防止義務を理解することになる。) もっとも、賠償責任が発生するためには、越境損害の発生が依然として要件になっていると考えられるのであり、その意味では、越境損害の発生があって初めて、越境損害防止義務違反に基づく損害賠償請求がなされ得ると考えて良い。(越境損害が発生していない段階でも、慣習国際法上の「相当の注意」義務に違反しているとして、原発建設・操業の差止め請求は可能かもしれない。この点、「世界で最も危険な原発」とされるアルメニアのメツァモール原発を含む全世界の築 40 年以上の原発に関し、トルコが法的手段に訴えるとの報道が 2011 年 10 月になされている。今後の事態の推移が注目される所である。)

(3) 違法性阻却事由

a) 不可抗力

　福島原発事故の原因となった地震や津波は、不可抗力として援用さ

れ得るか。この問題は、かなり慎重な考慮を要する問題である。

　日本政府は、今回発生した東日本大震災と津波は、原子力損害賠償法（原賠法）第三条が免責事由として挙げている「異常に巨大な天災地変」には該当しないとの<u>立場</u>である。政府によれば、「異常に巨大な天災地変」とは「人間の想像を超えるような」規模のものであり（少なくとも関東大震災の2、3倍程度）、今回の災害はそこまでの規模には至ってないという。参考までに、2011年4月29日の衆議院予算委員会でのやりとりを抜粋しておく。

　○吉野委員　原賠法をよく読んでください。原賠法の一番最後、天変地異、こういう莫大な災害が起きた場合に、もう東電の責任云々かんぬんを無視して全部国が見る、こういう規定になっているんです。連帯責任を認めたならば、一義的に東電、何でもかんでも東電、窓口にしろ、そうじゃなくて、国が窓口になってください。これが我々が一番望んでいるところなんです。お願いします。

　○海江田経産大臣　これは原賠法の三条の第一項のただし書きということでございまして、これは東京電力の免責について記されたところでございますが、その中で、想像を絶すると申しますか、異常に巨大な天変地異による場合は免責になるということでございます。これは昭和三十六年につくられた法律でございますが、そのときの国会での審議の過程などを見ますと、今回の事象は、ここで規定をします異常に巨大な天変地異に当たらないものという考え方が一般的でございます。

　○吉野委員　今度の東日本大震災は、千年に一度の大災害です。これを過小な災害、そういう認定をするんでしょうか。（後略）

○**中井委員長** 海江田経産大臣。それでは、昭和三十六年当時に議論となった天変地異は何だということを説明してください。

○**海江田経産大臣** よろしゅうございますか。この異常に巨大な天災地変です。まず、そこで、超不可抗力、全く想像を絶するような事態、あるいは人類の予想していないようなもの、こういう説明がございます。

また、原賠法を制定した際の昭和36（1961）年5月30日の参議院商工委員会での参考人加藤一郎氏による説明は以下の通りであった（下線筆者）。

　以上が、無過失責任を認める根拠及びそれに関する問題でございますが、第二の問題といたしまして、その場合の免責事由をどこまで認めるかということがございます。この法案では、三条一項ただし書きにおきまして、「異常に巨大な天災地変又は社会的動乱」というものを免責事由としてあげております。この点は、ともかく原子炉のように非常に大きな損害が起こる危険のある場合には、今までのところから予想し得るようなものは全部予想して、原子炉の設定その他の措置をしなければならない。したがって、普通の、いわゆる不可抗力といわれるものについて、広く免責を認める必要はないわけであります。むしろ今まで予想されたものについては万全の措置を講じて、そこから生じた損害は全部賠償させるという態勢が必要であります。そこで、たとえばここでいう「巨大な天災地変」ということの解釈といたしましても、よくわが国では地震が問題になりますが、今まで出てきたわが国最大の地震にはもちろん耐え得るものでなければならない。さらにそれから、今後も、今までの最大限度を越えるような地震が起

こることもあり得るわけですから、そこにさらに余裕を見まして、簡単に言いますと、関東大震災の二倍あるいは三倍程度のものには耐え得るような、そういう原子炉を作らなければならない。逆に言いますと、そこまでは免責事由にならないのでありまして、もう人間の想像を越えるような非常に大きな天災地変が起こった場合にだけ、初めて免責を認めるということになると思われます。そういう意味で、これが「異常に巨大な」という形容詞を使っているのは適当な限定方法ではないだろうかと思われます。これは、結局、保険ではカバーできないことになりますので、あとで出ます政府が十七条によって災害救助を行なうことになるわけであります。

　このような政府の見解に対し、東電は当初反対を表明したものの、現状ではその見解に従わざるを得なくなっている。他方、東電株主から、政府がこの免責を認めなかったために東電が損害賠償の支払いを強いられ損害を被った結果、東電株式が値下がりして自身が損害を被ったとして、国家賠償請求訴訟が提起されている。この訴訟において、万が一、最高裁が、政府の立場を不当とする判決を下した場合は、政府としても「異常に巨大な天災地変」の免責を認めざるを得ず、その場合は国際的にも地震や津波を不可抗力として援用する素地が生まれよう。

　そこで、ここでは仮定の問題として、もし日本政府が今回の地震や津波を不可抗力として援用した場合、果たしてその主張は認められるかという点を検討することにする。

　パリ及びウィーン原子力民事責任諸条約は、当初、「異常に巨大な天災地変」の場合を免責事由として認めていたが、両改正議定書でそれが削除された。他方、我が国の原賠法同様CSCは、依然としてそれを免責事由として認めている。したがって、地震や津波の場合を免

責事由として認めないという傾向が国際社会において一定程度見られるとはいえ、その傾向が完全に支配的になっているというわけでもないことが見て取れる。もちろん、民事責任と国家責任とは別次元の話であり、民事責任の自然災害免責と国家責任の不可抗力とを同列に論じることはできないが、国際社会の認識を知る上では参考となる。

　それでは、原子力活動を行う国が、地震や津波を不可抗力として援用することが完全には排除されないとして、どのような義務違反について不可抗力による違法性阻却が認められるであろうか。

　まず、原発の地震・津波対策を東電が事前にとるよう「相当の注意」をもって監督するという国家の義務については、不可抗力の援用が認められないことは明らかである。その義務の履行が求められる時点では、まだ地震・津波は発生していないからである。

　他方、原発事故後に東電が適切な対応措置をとるよう「相当の注意」をもって監督し、必要に応じて自ら適切な対応措置をとるという国家の義務については、不可抗力の援用が認められる場合もあり得る。例えば、炉心冷却のために早急な電源の回復と水の注入とが求められたが、地震・津波によって発生した大量の瓦礫のために車両が原発に近づけず、ヘリコプターからの注水が行われるまで炉心冷却ができないという事態が発生した。この対応措置の遅れにより放射能の拡散が進み、結果として海洋汚染や越境損害が発生したとしても、不可抗力によるものとして海洋汚染防止義務や越境損害防止義務の違法性阻却が認められる可能性はある。しかし、高濃度放射能汚染水の海洋流出（拡大）阻止に関しては、地震・津波の影響で措置が取れないという状況ではなかったため、不可抗力の援用は認められない。また、低濃度放射能汚染水の海洋への意図的放出に関しては、これは「意図的」なものであり不可抗力によるものとは言えず、次に見る緊急状態でカバーされるかどうかの問題となる。さらに、事故後の通報の遅れに関しては（これが我が国による原子力事故早期通報条約や国連海洋法条約の通報規

定違反になると仮定した場合)、地震・津波の影響で通報が遅れたという状況ではなかったため、不可抗力の援用は認められない。

以上のことから、地震・津波による不可抗力の援用は、たとえ認められたとしても、事故直後のわずかな期間の特定の状況においてのみということになる。

b) 緊急状態

ILC国家責任条文第25条では、「その行為が重大でかつ急迫した危険に対して不可欠の利益を保護するための当該国にとっての唯一の手段であり、かつ、その行為が義務の相手国又は国際社会全体の不可欠の利益に対する重大な侵害とならない場合」に緊急状態は援用され得るとされている。もっとも、「当該国際義務が、緊急状態を援用する可能性を排除する場合、又は、当該国が緊急状態に寄与する場合」には援用され得ないとされている。

既に見たように、低濃度汚染水の意図的な海洋放出を余儀なくされたのは、汚染水対策の必要性が当初から予見され得たにもかかわらず、それに対して適切な対処を講じなかった政府・東電の過失の故であり、「当該国が緊急状態に寄与する場合」として、緊急状態の援用は認められないと考えられる。

さらに、海洋放出が「当該国にとっての唯一の手段」であったかどうかも疑わしい。政府事故調中間報告書によれば、高濃度汚染水の貯蔵場所としては、実際に貯蔵されることになった集中廃棄物処理建屋(RW/B)の他、水処理装置用タンク(1万9,450t)、バージ船(3,000t)、敷地内掘り込みプール、1～4号機サプレッションチャンバー(1万t)、1号機から4号機のサプレッションプール水サージタンク(7,000t)、5号機及び6号機のサプレッションプール水サージタンク(3,000t)、4号機サプレッションプール(貯蔵容量未計算)、固体廃棄物貯蔵庫(貯蔵容量未計算)及び純水タンク(貯蔵容量未計算)も候補に挙がっていた。

低濃度汚染水の海洋放出量は計1万393トンであったが、上に挙げられた施設を用いれば十分貯蔵可能であり（例えば水処理装置用タンクのみで十分である）、またタンクローリー車やタンカーなどを利用する方法も考えられ得たはずで、なぜ海洋放出をせねばならなかったのか、理解に苦しむ。後の浄化費用を考えてのことであったとしたら、到底認められるものではない。この点に関する、政府・東電の説明が求められるべきである。

　以上、日本政府による津波対策の不備——そしてその結果発生した高濃度放射能汚染水の海洋流出——と低濃度放射能汚染水の意図的な海洋放出とによって、国連海洋法条約第194条1項に定める海洋汚染防止義務違反が発生し、その違法性は、不可抗力や緊急状態によっても阻却されないことが示された。したがって、日本は国家責任を負い、違法行為の停止（もっとも違法行為は既に停止されているが）、原状回復（海洋放射能汚染の除去）、陳謝、再発防止の保障、責任者の処罰、そして万が一、他国で損害が顕在化した場合には、その原状回復（生物多様性や生態系の回復等）や金銭賠償といった損害の救済が求められることになる。もっとも、日本政府自身が原状回復や賠償支払いを行う必要は必ずしもなく、東電による原状回復や賠償支払いの履行をしっかり確保していればそれで良い。（特定の国家の利益を害さない形で公海環境に損害が発生した場合は、金銭賠償を支払う相手はいないが、他国や国際機関が日本に代わって原状回復措置をとった場合には、それに要した費用の負担を求められることになろう。）しかし、現在はまだ他国での損害が顕在化していないため、とりあえずは日本国内で、早急に必要な措置をとることが求められる。（特に、汚染水浄化処理施設からの汚染水の海洋漏出防止と、取水口付近に滞留している高濃度汚染水の浄化は、焦眉の課題である。）

3 事故後の第一次規則の発展に向けた動き

(1) IAEA原子力安全基準とその遵守管理体制の強化

　福島の事故を受けて、2011年6月、原子力安全に関するIAEA閣僚会議が開催されたが、会議の冒頭、天野之弥（あまの ゆきや）IAEA事務局長が、原子力安全強化のために5つの具体的提案を行った。その中で特に重視されたのが、第一に、IAEA原子力安全基準——特に津波や地震などのような複合的大災害に関する事故関連の基準——の強化とその普遍的適用（すなわち安全基準の義務化）、そして第二に、全原発の安全性の組織的かつ定期的審査——各国による過酷条件下の審査（ストレステスト）とIAEAミッションによる審査の義務化を伴う——である。

　その後、2011年9月にIAEA原子力安全行動計画案が、IAEA理事会及び総会で承認された。そこでは、安全基準の強化の必要性は確認されたが、その義務化までは述べられなかった。また、各国によるストレステストの実施は約束されたが、IAEAミッションによる審査の義務化は採用されず、その審査報告書の公表もあくまで当該国の同意に基づくとされた。もっとも、定期的なミッションの自発的受け入れを強く奨励され、加盟国が、今後3年間で少なくとも1つのIAEA運転安全調査団（OSART）を、最初は古い原発を中心に自発的に受け入れること、並びに最初の原発操業開始に先立ち、立地及び設計の安全審査を含め、関連するミッションを自発的に受け入れること、が述べられた。

　このような動きを受けて、現在、IAEA原子力安全基準の見直し作業が行われているが、そこでは福島事故での知見を幅広く取り入れる努力が行われている。しかしながら、2011年11月に公表された特定安全指針「原子力施設の立地評価における気象学的及び水文学的災害」が、国会事故調報告書によって厳しく批判された土木学会の2002年

「原子力発電所の津波評価技術」を先進的な取組みの例として紹介していることからも分かるように、IAEA の安全基準は、途上国をも含めた世界の全ての国に適用可能な最低限度の基準を定めるに過ぎない場合が多い。また IAEA 基準は、人の健康や環境の保護を第一と考えるのではなく、原子力推進国や原子力産業界の意向を強く受けて、費用便益的考慮が色濃く反映されたものとなっている。このことは、先に述べたように、原子力安全条約第 6 条において、既存の原発については、その安全性を向上させ得ない場合は停止すべきであるが、その停止の時期は、各国のエネルギー事情等を考慮して決定できるとしていることからも明らかである。さらに、2006 年「基礎的安全原則」第 5 原則が、

　　「保護は、<u>合理的に到達され得る</u>最高レベルの安全を提供するよう最適化されねばならない」（下線筆者）

と規定していることも、これを例証している。
　そもそも IAEA は、IAEA 憲章第 2 条（目的）第 1 文が、

　　「機関は、全世界における平和、保健及び繁栄に対する原子力の貢献を促進し、及び増大するよう努力しなければならない」

と規定するように、原子力の平和利用に関しては、利用を促進する機関であり、利用を規制する機関ではない。先に見た原子力安全条約第 8 条 2 項は、国内の「規制機関の独立性」を規定するが、国際的な「規制機関の独立性」も当然確保されねばならないはずである。
　このような観点から、原子力利用の規制任務を IAEA から切り離し、独立の機関として、或いは世界保健機関（WHO）と国際労働機関（ILO）の合同補助機関として、或いは提案中の国際エネルギー機

関（International Energy Agency）の付属機関として、新たな原子力規制機関を設立するという案が、米国法曹協会（American Bar Association: ABA）から1990年代に出されたこともあった。しかしながら、原子力安全の分野においてもIAEAが中心的役割を果たすことには、国際社会の幅広い支持がある。（原子力安全に関するIAEA閣僚宣言第7項参照。）また、原子力安全の分野において国際機関に多額の経費をつぎ込むことに、各国は消極的である。（原子力安全条約第28条は、会合の召集・準備と情報の受領・送付以外のIAEAによる役務の提供を原則として通常予算の範囲内でできることに限っている。）したがって、この提案はあまり現実的とは思われない。現在IAEAが行っているように、IAEAの内部で、原子力推進部門と原子力規制部門とを分離するのが、せいぜいの所であろう。

その場合、現実問題として、原子力産業界や原子力推進国からの圧力がIAEAの原子力規制部門に及ぶのを防ぐことは、不可能に近い。したがって、人の健康と環境の保護を第一と考える国際・国内機関やNGOにIAEA総会や原子力安全に関連する各種委員会へのオブザーバー参加を認めるとか、原子力安全条約の締約国会合並びに原子力安全の分野でのIAEA理事会の議事録を原則公開とすることにより、カウンターバランスを取る必要があるであろう。この点で、核セキュリティーに配慮しつつも公衆への情報提供を原則として義務づける原子力安全に関する2009年欧州連合（EU）枠組指令第8条の規定が参照されるべきである。

その他、可能な対策としては、各国の事情を良く知りつつ中立的な立場で行動できる者を登録したリストを作り、必要に応じてIAEAミッション派遣の際に利用することも考えられる。2007年に日本へ派遣されたIAEAの統合的規制審査サービス（IRRS）は、「安全指針」の中で述べられていた規制機関の財政的・人的独立性を何ら検討することなく、保安院の組織法上の特色だけを見て、その独立性に何ら疑

義はないとのお墨付きを与えていた。本ミッションには、IAEA 加盟 9 カ国からの 10 名の専門家と 3 名の IAEA 事務局サイドの者が参加していたが、その 10 名の専門家は全て各国の原子力安全（規制）機関の職員であった。常日頃、原子力安全に関する国際会議等で顔を合わせている他国職員の前で、しかも自国の機関の独立性も審査される可能性がある状況で、他国の機関の独立性審査に及び腰になるのも、当然といえば当然である。また、日本の法制度の実体や社会習慣を良く知らない外国人が、出向、天下り、随意契約、寄付金等、組織の独立性を脅かすおそれのある種々の要因にまで思いを馳せることは極めて困難であろう。自然科学の分野では世界共通の尺度が通用しやすいのに対し、社会科学の分野ではそうは行かないことを考えれば、各国の法制度を検討する場合には、より細心の人選が必要となるであろう。

(2) 原子力安全条約と原子力事故早期通報条約の改正

原子力安全条約は、既に見たように、締約国に IAEA 原子力安全基準の義務的な受け入れを求めるものではなく、IAEA 原子力安全基準を参照して、各国が独自に安全基準や安全確保のための手続を定めることを求めているに過ぎない。また、2011 年 6 月の原子力安全に関する IAEA 閣僚会議で天野 IAEA 事務局長が提案した IAEA 安全基準の義務化は、未だに各国の受け入れる所とはなっていない。このような状況の下、ロシアは、「IAEA 基準が規定するよりも低くないレベルの原子力安全を確保する原子力利用国の責任」を定める原子力安全条約の改正提案を出してきた。また、スイスも、IAEA 基準の厳格な実施・監督を求める改正提案を出してきた。これらを受けて、2012 年年 8 月 27 日から 31 日まで、ウィーンにおいて原子力安全条約の締約国特別会合が開催され、同条約の改正についての議論が行われた。しかしながら、この会合では結論が出ず、条約改正の審議は次回検討会合に持ち越しとなった。なお 2012 年 9 月に開催された IAEA 総会でも、

IAEA基準の義務化やIAEAミッション受け入れ義務化の問題については、進展は見られていない。

他方、ロシアは、事故情報内容の特定化、国際原子力事象評価尺度（INES）に基づく通報、及び通報時期、に関する規定を追加するという、原子力事故早期通報条約の改正提案も出している。福島事故の際、低濃度汚染水の意図的な海洋放出の通報が遅れたこと、並びにその通報は義務的通報ではなく任意的通報とされたことに鑑み、原発事故をひき起こした国の主観をできるだけ排する形で通報を義務づけようとの意図がうかがえる。議論の行方が注視される所である。

もっとも、ロシアを始めとする東欧諸国は、チェルノブイリ原発同様、原子炉格納容器のない旧式の原発をいくつも抱えており、ロシアが本心から原子力安全規制の強化を望んでいるかどうかは疑わしい。IAEA安全基準の義務化にまで至らない所で手を打つため、自ら進んで交渉のイニシアティブをとろうとしているという見方も或いはできるかもしれない。楽観は禁物である。

(3) 日、中、韓での原子力安全協力イニシアティブ

上で述べた通報義務の厳格化を含む原子力安全強化の方向性は、日中韓三ヵ国の地域的協力体制においても見られる。この三ヵ国間では、既に福島事故が起こる前の2008年9月に原子力安全上級規制者会合が設立されていたが、福島事故を受けて、2011年11月の第4回会合において「原子力安全協力イニシアティブ」が合意された。そこでは、福島事故からの教訓を含む建設・運転経験を共有する情報交換枠組みを設置すること、外部起因事象やシビアアクシデントマネジメントに係る規制対応に関する協力を強化すること、二国間協力取り決めだけでなく原子力安全条約等の国際条約の履行を推進すること、IAEA安全基準と整合のとれた原子力安全規制への調和したアプローチを発展させること、原子力事故の際における情報の透明性の重要性を認識し

つつ、公衆との関係における協力を強化すること、等が述べられている。

このような地域的協力体制は、IAEA安全基準の遵守を確保するとともに、IAEA安全基準が途上国も含めた全世界で適用可能なようにしばしば最低限度の基準を定めるものになりがちになるという弱点を克服し、より高度の原子力安全確保体制を樹立していく上で、非常に意義がある。今後の展開が大いに期待される所である。

(4) 今後の課題——原子力損害民事責任条約への加盟、陸起因海洋汚染防止条約の締結、厳格な予防原則（予防的アプローチ）の導入

福島事故によって、原子力事故は一旦発生した場合には甚大な被害を発生させるものであり、またその事故の防止は技術的・経済的に極めて難しいということが、改めて明らかとなった。これまで日本は、日本では重大な原発事故は起こらないとの楽観的見方の下（或いは原発安全神話が崩れるのを恐れて？）、原子力損害民事責任条約への加盟を見送ってきたが、ここへきてようやくその加盟が真剣に検討されるようになってきた。加盟する条約の候補としては、（改正）ウィーン条約、（改正）パリ条約、CSCがあるが、今の所、CSCへの加盟が最有力視されているようである。CSCには、地震・津波等の「異常に巨大な天災地変」（原文は a grave natural disaster of an exceptional character）に関する免責が規定されており（附属書第3条5項(b)）、その点が我が国の原賠法と親和的であるというのが支持理由の一つとされている。しかしながら、この「異常に巨大な天災地変」の理解は各国によって異なってくる可能性があり、日本のように今回の大地震・大津波であってもそれに当たらないとする理解が全ての国で共有される保証はない。したがって、日本で大規模な地震・津波があった場合は日本側の賠償支払いがなされるが、他国で同規模の地震・津波があっても賠償支払いがなされないという不公平な事態が生じるおそれがある。条約の解釈適用に争いが生じた場合、CSCには仲裁裁判又はICJを利用した義

務的紛争解決制度が設けられている（第16条2項）が、それからのオプトアウトも可能であり（同条3項）、紛争が国際裁判で解決される保証もない。このような事態を回避するためには、いっそのこと、原賠法の「異常に巨大な天災地変」に関する免責条項を削除した上で、そのような免責を認めていない改正パリ条約か改正ウィーン条約（既に発効している点を考えれば改正ウィーン条約の方が現実的か？）に加盟した方が良いようにも思われる。この点は、実務家の方のご意見をうかがいたい所である。

　また、今回の福島事故では、ロンドン海洋投棄条約違反も主張されたが、既に見たように、陸起因海洋汚染は対象外としてその適用が否定された。現在、地中海や北海等の地域的枠組みにおいては陸起因海洋汚染防止条約が作られているが、世界的な条約としては国連海洋法条約しか存在せず、しかもそこでの関連規定ははなはだ貧弱である。陸起因海洋汚染は、陸上における生産活動と直結しており、経済発展を重視する国からの強い反対を受けて、その規制がなかなか進まないのが現状である。今回の福島事故を反省材料として、日本が率先して陸起因海洋汚染防止条約——特に日本の周辺国たる中韓ロシアとの——の締結に向けて尽力することが強く望まれる。

　最後に、IAEAの原子力安全基準について一言述べておく。繰り返し述べてきたように、IAEA基準は、原子力産業界や原子力推進国の意向を強く受けて作られているため、人間や環境の保護を第一と考えるのではなく費用便益的考慮を優先する傾向が強いし、また途上国をも含む全世界の国で適用され得るよう最低限度のものに留まる場合が多い。したがって、IAEA基準に合致していたからといって——日本の原発におけるシビアアクシデント対策の不備のように、IAEA基準にさえ合致していない場合は論外であるとしても——十分「相当の注意」を払ったと言えるとは限らないのである。日本のように高い技術力・経済力を有する国の場合は、IAEA基準をベースとしながらも、

より高度の原子力安全確保体制を確立する努力をしなければ、「相当の注意」が欠如しているとして国家責任を問われる事態となりかねない。そしてその際に鍵となるのが、予防原則（予防的アプローチ）である。

予防原則（予防的アプローチ）は、西ドイツ国内法上の「事前配慮原則（Vorsorgeprinzip）」なる概念にその起源を有し、国際的な北海環境保護レジームに取り入れられた後、1992年のリオ宣言（原則第15参照）以降、多くの環境分野で国際文書に取り入れられてきた。しかしながら、IAEA原子力安全基準においては、この概念が未だに導入されていない。その背景には、原子力産業界や原子力推進国からの強い反対があることは想像に難くない。しかしながら、ICJパルプ工場事件判決が示唆するように、予防原則（予防的アプローチ）は、条約や慣習国際法に規定された管轄国の「相当の注意」を厳格化する方向で作用する解釈適用指針たることが期待されるものであり、原子力の分野とてその例外ではない。否、高度に危険な活動の代表である原子力の分野であるからこそ、その厳格な適用が求められるべきである。

このように考えるならば、予防原則（予防的アプローチ）の導入を頑なに拒否している原子力産業界や原子力推進国を説得し、IAEA原子力安全基準におけるその導入――望ましくは、リオ宣言で述べられているような費用対効果の考慮をはずした、より厳格な形での――のために努力することが、今回の事故で全世界に多大な迷惑をかけた我が国の責務であろう。日本政府の今後の取組みに期待する所である。

おわりに——「原発安全神話」を超えて

　本書において、チェルノブイリ事故と福島事故におけるソ連と日本の国家責任の問題を検討してきた結果、ソ連の国家責任を問うことは困難であるが、日本の国家責任は肯定され得るとの結論が導かれた。チェルノブイリ事故の方がはるかに甚大な被害を全世界にもたらしたこと、並びにソ連の原子力安全管理体制の方が日本よりもはるかにお粗末であったこと、を考えれば、この結論は奇異に感じるかもしれない。
　この結論の差異を導いた最大の要因は、事故原因の究明度合いの違いであろう。ソ連では、当時のゴルバチョフ書記長の下、グラスノスチ（情報公開）が進められており、事故原因についてもかなり詳細な報告書がIAEAに提出されてはいたものの、ソ連の国家監督体制そのものの不備については一切触れられることはなかった。それに対して、今回の福島事故においては、政府、国会、民間（もちろん東電からのものもあるが）からの事故報告書が出ており、そこでは東電の運営体制のみならず日本政府の監督体制そのものの不備についても非常に詳細な検討がなされている。その結果、日本の「相当の注意」の欠如が示され、その国家責任が肯定されることになったわけである。これは、日本からすれば非常に手痛い結果であるが、しかし、今後の日本再生に向けての手がかりを同時に与えるものでもある。日本は今後、同様な事態の再発防止に努める国際的な義務を負うわけであり、以前のように「原発安全神話」の下、都合の悪いことは考えないで済ますとい

う態度をとることは、国際的にも許されなくなったのである。

　もっとも、日本だけが改心しても、他の国も同様に安全第一の発想に転換しなければ、世界的には意味がない。中国での高速列車事故後に中国政府が事故隠しのため車両を土に埋めた事件からも分かるように、安全第一の考えが新興国や途上国で浸透しているとはおよそ言い難いのが現実である。今回の事故を経験した日本だからこそ、説得力をもって、安全第一の信念を国際社会において表明することができる。今回の事故で国家責任を負った日本としては、自らの真摯な反省を示すため、国際社会において原子力安全強化のために強いリーダーシップを発揮していかねばならない。

あとがき

　私が東日本大震災に遭遇したのは、ロンドン大学での講演を終えて関西国際空港に帰ってきたちょうどその日であった。幸い関西では特に混乱はなかったが、東北での惨状と、さらに追い討ちをかけるような福島原発事故の発生に、胸が痛んだ。しかし、その時はまだ、福島での事故が国際法的な問題を惹起するであろうとは夢にも思っていなかった。

　その後、放射能による大気汚染の発生、高濃度放射能汚染水の海洋流出、低濃度放射能汚染水の意図的な海洋放出とその際の通報遅延といった、国際法に関わる問題が多数出てきた。そのような折、NHKのBS放送のディレクターから、朝のニュース番組の「世界の扉」というコーナーに国際法の専門家として出演してもらえないかという依頼が来た。その当時（2011年4月はじめ）はまだ事故の原因・経過・影響がはっきりと分かっておらず、原発のエンジニアでも放射線の専門家でもない私には、果たして他国に損害や放射線安全に関する（重大な）影響が生じるおそれがあるのか、また日本政府の「相当の注意」の欠如が認められるのかについて、確たる意見を持つことはできなかった。そこで原子力の専門家との共演ということであれば出演しても良い旨の返事をした所、幸か不幸か共演者がすぐには見つからず、私の出演の話はお流れとなった。

　しかし、そのことをきっかけに、この問題の国際法的側面に関する

一般的な関心の高さを知り、その関心に応えるべく本書を書こうと考えるようになった。本書が、その任に耐え得るものであったなら、望外の幸せである。

　最後に、この本の出版に多大な御尽力を頂いた東信堂の下田勝司社長と松井哲郎氏に、この場をお借りして深く感謝申し上げたい。また、外務省の道井緑一郎条約課長（当時）には、原子力関連の貴重な資料をご送付頂いた上、ウィーンのIAEA本部に書類不備で入れず困っていた所を日本から手を回して入れるよう取り計らって頂いた。ここに改めて御礼申し上げる次第である。そして、京大大学院に入学した後、修士論文のテーマがなかなか決まらず困っていた所、「チェルノブイリ原発事故なんかどうかね」と論文のテーマを示唆して頂き、大学院入学時よりこれまで一貫してご指導頂いてきた京大名誉教授の香西茂先生に、この場をお借りして深く感謝申し上げる次第である。

2013年1月14日（成人の日）に京都の自宅にて

繁田　泰宏

【参考文献】

日本語の文献のみを、著者名（著者名がない場合は書名）のアイウエオ順で掲載してあります。

1　概説書・研究書
　・児矢野マリ『国際環境法における事前協議制度』（有信堂高文社、2006年）
　・月川倉夫『海洋環境の保護と汚染防止』（財団法人　日本海洋協会、1987年）
　・パトリシア・バーニー／アラン・ボイル（池島大策、富岡仁、吉田脩訳）『国際環境法』（慶應義塾大学出版会、2007年）
　・松井芳郎『国際環境法の基本原則』（東信堂、2010年）
　・山本草二『国際法における危険責任主義』（東京大学出版会、1982年）

2　判例集
　・田畑茂二郎、太寿堂鼎編『ケースブック国際法（新版）』（有信堂高文社、1987年）［第五福竜丸事件参照］
　・松井芳郎編集代表『判例国際法（第2版）』（東信堂、2008年［第2刷］）

3　「第一章　自国領域内で原発事故が発生した国の国家責任に関する規則」に関連する文献
　・安藤仁介「国家責任に関する国際法委員会の法典化作業とその問題点」『国際法外交雑誌』93巻3・4巻合併号（1994年）34頁
　・臼杵知史「『危険活動から生じる越境損害の防止』に関する条文案」『同志社法学』60巻5号（2008年）497頁
　・臼杵知史「『危険活動から生じる越境損害に関する損失配分』の原則案」『同志社法学』60巻6号（2009年）1頁
　・小田滋「水爆実験と公海制度」小田滋『海洋法の源流を探る──海洋の国際法構造（増補）──』（有信堂高文社、1989年）51頁
　・河西直也「国際法における『合法性』の観念（二・完）──国際法『適用』論への覚え書き──」『国際法外交雑誌』80巻2号（1981年）1頁、18〜28頁

- 兼原敦子「地球環境保護における損害予防の法理」『国際法外交雑誌』93巻3・4巻合併号（1994年）160頁
- 兼原敦子「環境保護における国家の権利と責任」国際法学会編『日本と国際法の100年第6巻：開発と環境』（三省堂、2001年）28頁
- 児矢野マリ「第11章 越境損害防止」村瀬信也、鶴岡公二編『変革期の国際法委員会』（信山社、2011年）239頁
- 繁田泰宏「『国際水路の衡平利用原則』と越境汚染損害防止義務との関係に関する一考察（一）、（二）・完」『法学論叢』（京都大学法学部）135巻6号（1994年）19頁、137巻3号（1995年）42頁
- 繁田泰宏「個別国家の利益の保護に果たす予防概念の役割とその限界――ICJのガプチコヴォ事件本案判決とパルプ工場事件本案判決とを手がかりに――」松田竹男、田中則夫、薬師寺公夫、坂元茂樹編集代表『現代国際法の思想と構造Ⅱ　環境、海洋、刑事、紛争、展望』（東信堂、2012年）75頁
- 柴田明穂「第12章 危険活動から生じる越境被害の際の損失配分に関する諸原則」村瀬信也、鶴岡公二編『変革期の国際法委員会』（信山社、2011年）273頁
- 鳥谷部壌「国際司法裁判所　ウルグアイ河パルプ工場事件（判決二〇一〇年四月二〇日）」『阪大法学』61巻2号（2011年）297頁
- 堀口建夫「国際海洋法裁判所の暫定措置命令における予防概念の意義(1)、(2・完)」『北大法学論集』61巻2号（2010年）272頁、61巻3号（2010年）264頁
- 森田章夫「原子力開発と環境保護――環境保護法としての国際原子力法制の現状と課題」国際法学会編『日本と国際法の100年第6巻：開発と環境』（三省堂、2001年）164頁
- 薬師寺公夫「越境損害と国家の国際適法行為責任」『国際法外交雑誌』93巻3・4巻合併号（1994年）75頁

4　「第二章　チェルノブイリ原発事故の国際法的評価」に関連する文献
- 岩城成幸「ソ連チェルノブイリ原発事故をめぐって――ソ連経済の"病弊"とソ連の原子力"安全哲学"を中心に――」『レファレンス』429号（1986年）26頁
- 経済セミナー増刊『チェルノブイリ原発事故』（日本評論社、1986年）
- 繁田泰宏「原子力事故による越境汚染と領域主権（一）、（二）・完――

チェルノブイリ原発事故を素材として──」『法学論叢』(京都大学法学部) 131 巻 2 号 (1992 年) 97 頁、133 巻 2 号 (1993 年) 63 頁
- 「チェルノブイリ原発事故」『ウィキペディア』(http://ja.wikipedia.org/wiki)

5 「第三章 福島原発事故の国際法的評価」に関連する文献
- 一般財団法人 日本再建イニシアティブ『福島原発事故独立検証委員会調査・検証報告書』(「民間事故調報告書」)(ディスカヴァー・トゥエンティワン、2012 年)
- 植木俊哉「東日本大震災と福島原発事故をめぐる国際法上の問題点」『ジュリスト』1427 号 (2011 年) 107 頁
- 「国会 東京電力福島原子力発電所における事故調査委員会報告書」(「国会事故調報告書」、2012 年 7 月)(http://www.naiic.jp/)
- 児矢野マリ「原子力災害と国際環境法──損害防止に関する手続的規律を中心に──」『世界法年報』32 号 (2013 年)
- 繁田泰宏「厳格・拘束的かつ普遍的な原子力安全基準の設定と実効的遵守管理に向けて──福島原発事故を契機とした IAEA による取組みの現状と課題──」『世界法年報』32 号 (2013 年)
- 高村ゆかり「福島第一原子力発電所事故による放射性排水の放出と海洋環境保護の国際的義務」『環境と公害』41 巻 2 号 (2011 年) 49 頁
- 東京電力福島原子力発電所における事故調査・検証委員会(政府事故調)「中間報告書」(2011 年 12 月)、「最終報告書」(2012 年 7 月)(http://icanps.go.jp/)
- 西本健太郎「福島第一原子力発電所における汚染水の放出措置をめぐる国際法」(2011 年 4 月 12 日)東京大学政策ビジョン研究センター『政策提言』(http://pari.u-tokyo.ac.jp/policy/PI11_01_nishimoto.html)
- 「福島第一原子力発電所事故」、「福島第一原発事故による放射性物質の拡散」『ウィキペディア』(http://ja.wikipedia.org/wiki)

著者略歴

繁田 泰宏（しげた やすひろ）

　1965年福井県敦賀市生まれ。京都大学法学部卒業、京都大学大学院法学研究科修士課程修了、同博士課程単位取得退学、ロンドン大学 University College London（UCL）PhD（in Law）取得。現在は大阪学院大学法学部教授。専門は国際法・国際環境法。主要著書に *International Judicial Control of Environmental Protection: Standard Setting, Compliance Control and the Development of International Environmental Law by the International Judiciary*（『環境保護の国際司法コントロール──国際裁定機関による国際環境法の基準設定、遵守管理及び発展──』）(Kluwer Law International, 2010) がある。

フクシマとチェルノブイリにおける国家責任―原発事故の国際法的分析　〔検印省略〕

2013年4月15日　初版　第1刷発行　　＊定価は表紙に表示してあります

著　者 ⓒ 繁田泰宏
発行者　下田勝司

印刷・製本／中央精版印刷

東京都文京区向丘1-20-6　郵便振替00110-6-37828
〒113-0023　TEL(03)3818-5521　FAX(03)3818-5514

発行所　株式会社　東信堂

Published by TOSHINDO PUBLISHING CO., LTD
1-20-6, Mukougaoka, Bunkyo-ku, Tokyo, 113-0023, Japan
E-mail：tk203444@fsinet.or.jp

ISBN978-4-7989-0168-8　C1032　ⓒYasuhiro Shigeta

東信堂

国際法【第2版】	浅田正彦 編	2,900円
ベーシック条約集 二〇一三年版	編集代表 田中則夫・薬師寺公夫	2,600円
軍縮問題入門【第4版】	黒澤満 編著	2,500円
国際法新講【上】	田畑茂二郎	2,900円【上】 2,700円【下】
国際法新講【下】		
国際人権条約・宣言集【第3版】	編集代表 松井・薬師寺・坂元 編集 松井・小畑・徳川	3,500円
国際機構条約・資料集【第2版】	編集代表 香西・藤田 編集 安藤・坂元	3,200円
判例国際法【第2版】	編集代表 松井芳郎	3,800円

【現代国際法の思想と構造】

I 歴史、国家、機構、条約、人権	松井芳郎 編集代表	3,800円
II 環境、海洋、刑事、紛争、展望	松井芳郎 編集代表	4,200円
小田滋　回想の海洋法	小田滋	6,800円
大量破壊兵器と国際法	阿部達也	5,700円
国際環境法の基本原則	松井芳郎	3,800円
国際立法――国際法の法源論	村瀬信也	7,600円
条約法の理論と実際	坂元茂樹	6,800円
国連安保理の機能変化	村瀬信也 編	4,200円
海洋境界画定の国際法	村瀬信也・江藤淳一 編	2,700円
国際法／はじめて学ぶ人のための	村瀬信也・江藤淳一 編	2,800円
国際法学の地平――歴史、理論、実証	松井芳郎 編著	2,800円
スレブレニツァ――あるジェノサイド をめぐる考察	大沼保昭	3,600円
難民問題と『連帯』――EUのダブリン・システム と地域保護プログラム	中川淳司・寺谷広司 編	3,600円
ワークアウト国際人権法	長有紀枝	3,800円
国連行政とアカウンタビリティーの概念	中坂恵美子	2,800円
〈21世紀国際社会における人権と平和〉【上・下巻】	中坂恵美子 徳川信治 編訳	3,000円
国際社会の法構造――その歴史と現状	蓮生郁代	3,200円
現代国際社会における人権と平和の保障	編集代表 山手治之・香西茂	5,700円【上】 6,300円【下】

〒113-0023　東京都文京区向丘1-20-6　TEL 03-3818-5521　FAX 03-3818-5514　振替 00110-6-37828
Email tk203444@fsinet.or.jp　URL:http://www.toshindo-pub.com/

※定価：表示価格（本体）＋税

東信堂

宰相の羅針盤——総理がなすべき政策	村上誠一郎＋21世紀戦略研究室	一六〇〇円
福島原発の真実〔改訂版〕——日本よ、浮上せよ！このままでは永遠に収束しない原子炉を冷温密封する！	村上誠一郎＋原発対策国民会議	二〇〇〇円
3.11本当は何が起こったか：巨大津波と福島原発——科学の最前線を教材にした暁星国際学園ヨハネ研究の森コースの教育実践	丸山茂徳監修	一七一四円
2008年アメリカ大統領選挙——オバマの勝利は何を意味するのか	吉野孝編著	二〇〇〇円
オバマ政権はアメリカをどのように変えたのか——支持連合・政策成果・中間選挙	前嶋和弘編著	二六〇〇円
オバマ政権と過渡期のアメリカ社会——選挙、政党、制度メディア、対外援助	前嶋和弘編著	二四〇〇円
政治学入門	吉野孝	
政治の品位——日本政治の新しい夜明けはいつ来るか	内田満	一八〇〇円
「帝国」の国際政治学	山本吉宣	二〇〇〇円
国際開発協力の政治過程——戦後の国際システムとアメリカ	小川裕子	四七〇〇円
アメリカ介入政策と米州秩序——国際規範の制度化とアメリカ対外援助政策の変容	草野大希	五四〇〇円
複雑システムとしての国際政治		
ドラッカーの警鐘を超えて	坂本和一	二五〇〇円
グローバル・ニッチトップ企業の経営戦略	難波正憲・福谷正信・鈴木勘一郎編著	二四〇〇円
最高責任論——最高責任者の仕事の仕方	樋内起一寛	一八〇〇円
実践 ザ・ローカル・マニフェスト	松沢成文	一二三八円
実践 マニフェスト改革	松沢成文	二三〇〇円
受動喫煙防止条例	松沢成文	一八〇〇円
〔現代臨床政治学シリーズ〕		
リーダーシップの政治学	石井貫太郎	一六〇〇円
アジアと日本の未来秩序	伊藤重行	一八〇〇円
象徴君主制憲法の20世紀的展開——ネブラスカ州における一院制議会	下條芳明	二〇〇〇円
ルソーの政治思想	藤本一美	一六〇〇円
海外直接投資の誘致政策	根本俊雄	二〇〇〇円
ティーパーティー運動——現代米国政治分析——インディアナ州の地域経済開発	邊牟木廣海	一八〇〇円
	末次俊之	二〇〇〇円
	藤本俊美之	

〒113-0023　東京都文京区向丘1-20-6
TEL 03-3818-5521　FAX03-3818-5514　振替 00110-6-37828
Email tk203444@fsinet.or.jp　URL:http://www.toshindo-pub.com/

※定価：表示価格（本体）＋税

東信堂

グローバル化と知的様式——社会科学方法論についての七つのエッセー	J・ガルトゥング 大矢根聡次郎訳	二八〇〇円
社会的自我論の現代的展開	船津衛	二四〇〇円
組織の存立構造論と両義性論——社会学理論の重層的探究	舩橋晴俊	二五〇〇円
社会学の射程——ポストコロニアルな地球市民の社会学へ	庄司興吉	三二〇〇円
地球市民学を創る——変革のなかで	庄司興吉編著	三二〇〇円
市民力による知の創造と発展——身近な環境に関する市民研究の持続的展開	萩原なつ子	三二〇〇円
社会階層と集団形成の変容——集合行為と「物象化」のメカニズム	丹辺宣彦	六五〇〇円
階級・ジェンダー・再生産——現代資本主義社会の存続メカニズム	橋本健二	三二〇〇円
現代日本の階級構造——理論・方法・計量分析	橋本健二	四五〇〇円
人間諸科学の形成と制度化——社会諸科学との比較研究	長谷川幸一	三八〇〇円
現代社会と権威主義——フランクフルト学派権威論の再構成	保坂稔	三六〇〇円
現代社会学における歴史と批判（上巻）	武田信行編	二八〇〇円
現代社会学における歴史と批判（下巻）	山田正編	二八〇〇円
近代資本制と主体性	片桐新自編	二八〇〇円
観察の政治思想——アーレントと判断力	丹辺宣彦	二八〇〇円
インターネットの銀河系——ネット時代のビジネスと社会	M・カステル 矢澤・小山訳	三六〇〇円
	小山花子	二五〇〇円
福祉政策の理論と実際（改訂版）福祉社会学研究入門	三重野卓・平岡公一編	二五〇〇円
認知症家族介護を生きる——新しい認知症ケア時代の臨床社会学	井口高志	四二〇〇円
社会福祉における介護時間の研究——タイムスタディ調査の応用	渡邊裕子	五四〇〇円
介護予防支援と福祉コミュニティ	松村直道	二五〇〇円
対人サービスの民営化——行政・営利・非営利の境界線	須田木綿子	三三〇〇円

〒113-0023 東京都文京区向丘1-20-6
TEL 03-3818-5521 FAX03-3818-5514 振替 00110-6-37828
Email tk203444@fsinet.or.jp URL:http://www.toshindo-pub.com/

※定価：表示価格（本体）＋税

東信堂

ハンス・ヨナス「回想記」	盛永・木下・馬渕・山本訳	四八〇〇円
責任という原理——科学技術文明のための倫理学の試み（新装版）	H・ヨナス／加藤尚武監訳	四八〇〇円
原子力と倫理——原子力時代の自己理解	Th・リリス／小笠原・野家監訳	一八〇〇円
感性のフィールド——ユーザーサイエンスを超えて	加藤敏雄編	二六〇〇円
環境と国土の価値構造	桑子敏雄編	三五〇〇円
メルロ＝ポンティとレヴィナス——他者への覚醒	佐藤・村瀬・千代子章一郎編	三五〇〇円
概念と個別性——スピノザ哲学研究	朝倉友海	四六〇〇円
〈現われ〉とその秩序——メーヌ・ド・ビラン研究	村松正隆	三八〇〇円
省みることの哲学——ジャン・ナベール研究	越門勝彦	三二〇〇円
ミシェル・フーコー——批判的実証主義と主体性の哲学	手塚博	三二〇〇円
カンデライオ（ジョルダーノ・ブルーノ著作集 1巻）	加藤守通訳	三二〇〇円
原因・原理・一者について（ジョルダーノ・ブルーノ著作集 3巻）	加藤守通訳	三二〇〇円
傲れる野獣の追放（ジョルダーノ・ブルーノ著作集 5巻）	加藤守通訳	三六〇〇円
英雄的狂気（ジョルダーノ・ブルーノ著作集 7巻）	加藤守通訳	三六〇〇円
ロバのカバラ	N・オルディネ／加藤守通監訳	三六〇〇円
〈哲学への誘い——新しい形を求めて 全5巻〉		
自己	松永澄夫	三二〇〇円
世界経験の枠組み	松永澄夫編	三二〇〇円
社会の中の哲学	松永澄夫編	三二〇〇円
哲学の振る舞い	松永澄夫編	三二〇〇円
哲学の立ち位置	松永澄夫編	三二〇〇円
哲学史を読むⅠ・Ⅱ	浅野・松田・伊東・松永・高橋・村上・松永・鈴木編	各三八〇〇円
言葉は社会を動かすか	松永澄夫編	二三〇〇円
言葉の働く場所	松永澄夫編	二〇〇〇円
食を料理する——哲学的考察	松永澄夫	二五〇〇円
言葉の力（音の経験・言葉の力第Ⅰ部）	松永澄夫	二〇〇〇円
音の経験（音の経験・言葉の力第Ⅱ部）——言葉はどのようにして可能となるのか	松永澄夫	二八〇〇円
環境安全という価値は…	松永澄夫編	二〇〇〇円
環境設計の思想	松永澄夫編	二〇〇〇円
環境文化と政策	松永澄夫編	二三〇〇円

〒113-0023 東京都文京区向丘1-20-6　TEL 03-3818-5521　FAX 03-3818-5514　振替00110-6-37828
Email tk203444@fsinet.or.jp　URL:http://www.toshindo-pub.com/

※定価：表示価格（本体）+税

東信堂

〔世界美術双書〕

書名	著者	価格
バルビゾン派	井出洋一郎	二〇〇〇円
キリスト教シンボル図典	中森義宗	二二〇〇円
パルテノンとギリシア陶器	関隆志	二二〇〇円
中国の版画—唐代から清代まで	小林宏光	二二〇〇円
象徴主義—モダニズムへの警鐘	中村隆夫	二三〇〇円
中国の仏教美術—後漢代から元代まで	久野美樹	二三〇〇円
セザンヌとその時代	浅野春男	二三〇〇円
日本の南画	武田光一	二三〇〇円
画家とふるさと	小林忠	二三〇〇円
ドイツの国民記念碑—一八一三年	大原まゆみ	二三〇〇円
日本・アジア美術探索	永井信一	二三〇〇円
インド・チョーラ朝の美術	袋井由布子	二三〇〇円
古代ギリシアのブロンズ彫刻	羽田康一	二三〇〇円

〔芸術学叢書〕

書名	著者	価格
芸術理論の現在—モダニズムから	藤枝晃雄編著	三八〇〇円
絵画論を超えて	谷川渥監修	
	尾崎信一郎	四六〇〇円
美術史の辞典	P・デューロ他 中森義宗・清水忠訳	三六〇〇円
バロックの魅力	小穴晶子編	二六〇〇円
新版 ジャクソン・ポロック	藤枝晃雄	二六〇〇円
美学と現代美術の距離 —アメリカにおけるその乖離と接近をめぐって	金悠美	三八〇〇円
ロジャー・フライの批評理論—知性と感受	要真理子	四二〇〇円
レオノール・フィニー—境界を侵犯する新しい種	尾形希和子	二八〇〇円
いま蘇るブリア＝サヴァランの美味学	川端晶子	三八〇〇円
ネットワーク美学の誕生 —「下からの綜合」の世界へ向けて	川野洋	三六〇〇円
イタリア・ルネサンス事典	J・R・ヘイル編 中森義宗監訳	七八〇〇円
福永武彦論—「純粋記憶」の生成とボードレール	西岡亜紀	三二〇〇円
『ユリシーズ』の詩学	金井嘉彦	三三〇〇円

〒113-0023 東京都文京区向丘1-20-6　TEL 03-3818-5521　FAX 03-3818-5514　振替 00110-6-37828
Email tk203444@fsinet.or.jp　URL:http://www.toshindo-pub.com/

※定価：表示価格（本体）＋税